21世纪高等院校计算机应用规划教材

Visual FoxPro 实验指导

主　编　李晓丽　张月琴　吕　俊

南京大学出版社

图书在版编目(CIP)数据

Visual FoxPro实验指导 / 李晓丽，张月琴，吕俊主编. 南京：南京大学出版社，2009.10

21世纪高等院校计算机应用规划教材

ISBN 978-7-305-06520-0

Ⅰ. V… Ⅱ. ①李…②张…③吕… Ⅲ. 关系数据库－数据库管理系统，Visual FoxPro－程序设计－高等学校－教学参考资料 Ⅳ. TP311.138

中国版本图书馆CIP数据核字(2009)第181885号

出 版 者 南京大学出版社
社　　址 南京市汉口路22号　　邮　编 210093
网　　址 http://www.NjupCo.com
出 版 人 左　健

丛 书 名 21世纪高等院校计算机应用规划教材
书　　名 Visual FoxPro实验指导
主　　编 李晓丽　张月琴　吕　俊
责任编辑 樊龙华　单　宁　　编辑热线 025-83596923

照　　排 南京南琳图文制作有限公司
印　　刷 南京大学印刷厂
开　　本 787×1092　1/16　印张9　字数221千
版　　次 2009年10月第1版　2009年10月第1次印刷
ISBN 978-7-305-06520-0
定　　价 17.90元

发行热线 025-83594756
电子邮箱 Press@NjupCo.com
　　　　 Sales@NjupCo.com(市场部)

---

* 版权所有，侵权必究

* 凡购买南大版图书，如有印装质量问题，请与所购图书销售部门联系调换

前　言

数据库应用技术是计算机科学的一个重要分支，是计算机科学在应用技术领域中最活跃、应用最广泛的一种实用性技术。Visual FoxPro是由Microsoft公司推出的优秀小型数据库管理系统，它具有功能较强、操作方便、简单实用和用户界面友好等特性，是一门实践性很强的课程，为此著作者组织编写了《Visual FoxPro实验指导》。

本书是《Visual FoxPro程序设计》的配套实验教材。在实验规划中充分考虑Visual FoxPro教学大纲的要求，结合教学中的重点、难点选择实验项目，每一个实验项目都有非常清晰的实验目的、实验准备、实验内容、课后练习。实验准备提示实验的准备知识点与先决条件，并给出实验内容的参考步骤，使学生理解并掌握每一个知识点的实用性。

实验是重要的实践环节。本书在编写过程中充分考虑Visual FoxPro程序设计实践性强的特点，设计了16个实验来配合教材的内容。在面向过程的程序设计实验中，注重培养科学严谨的编程思想，熟练掌握Visual FoxPro的基本命令、SQL语言，提高模块化程序设计的能力；在面向对象的程序设计中，注重培养学生掌握可视化窗口程序设计的方法，以及控件、属性、菜单的使用技巧，真正起到提高学生运用数据库技术解决实际问题的能力。

全书由李晓丽、张月琴、吕俊主编，其中实验1—10由张月琴编写，实验11—14由吕俊编写，李晓丽负责实验15—16的编写工作及本书整体方案的设计，并完成全书的统稿工作。在此向编写过程中曾经帮助过我们的同志们表示衷心的感谢。

由于编写时间仓促，加之作者水平和经验所限，书中难免有疏漏和错误之处，真诚希望读者批评指正。

2009年7月

目　录

实验 1　VFP 环境

一、实验目的

1. 掌握 VFP 系统启动和退出的方法。
2. 熟悉 VFP 系统的集成环境：菜单、工具栏、命令窗口、对话框等。
3. 掌握默认路径的设置方法。

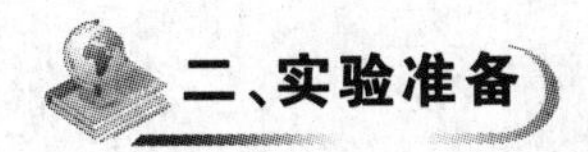

二、实验准备

知识点

1. VFP6.0 系统窗口

(1) VFP6.0 系统窗口由标题栏、主菜单栏、工具栏、主窗口、命令窗口和状态栏构成。

(2) 命令窗口：输入并执行单条命令，键入________命令，则可以退出 VFP6.0 系统。

2. 工作方式

(1) VFP 的工作方式有________、________、________和联机帮助方式。

(2) 每执行一次菜单方式，多数相应的命令会出现在________窗口中。

(3) 命令窗口的主要作用是显示和执行命令，命令方式的格式是：________[参数]。

(4) 每一条命令输入结束一定要按________键，命令才会立刻执行，否则不执行。

(5) 命令使用西文字符，大、小写效果________(相同/不同)，且大部分命令、函数名等可缩写成前________个字符。

(6) 用于注释的命令是________；清除主窗口显示信息的命令是________；命令"?"的作用是______________________，命令"??"的作用是______________________，两者的区别是______________________；关闭所有文件并退出 VFP 系统的命令是____________。

(7) 复制文件的命令是：________＜文件说明 1＞ TO ＜文件说明 2＞

3. 配置 VFP

(1) 配置 VFP 可使用________对话框，或者使用________命令。

(2) 使用________命令可以临时设置"选项"对话框的大部分项，"Set Defaul To e:\student"命令的功能是________________________________。

4. 文件

(1) 项目文件的扩展名是________，数据库文件的扩展名是________，表文件的扩展名是________，复合索引文件的扩展名是________，单索引的扩展名是________，查询文件的扩展名是________，表单文件的扩展名是________，报表文件的扩展名是________，菜单文件的扩展名是________，可执行程序文件的扩展名是________________。

(2) VFP 系统 3 个主要的辅助设计工具分别是________、________和________。

分析

1. 启动

方法一：通过【开始】菜单。

方法二：单击桌面图标 。

2. 菜单操作

VFP6.0 的菜单系统体现了 VFP6.0 的强大功能。系统主菜单一共有 17 个，但在某一时刻仅显示 7～9 个，主菜单和菜单中的菜单项随着用户的操作不同而有所增减。

3. 命令窗口

(1) 命令窗口的打开

方法一：单击主菜单“窗口”，选择“命令窗口”菜单项。

方法二：快捷键 Ctrl＋F2。

(2) 命令窗口的关闭

方法一：单击主菜单“窗口”，选择“隐藏”菜单项。

方法二：快捷键 Ctrl＋F4。

(3) 观察菜单操作下的自动显示

【例 1】用菜单方式打开系统安装文件夹中的 LABELS. dbf 文件，观察命令窗口的变化。

第 1 步：单击主菜单“文件”，选择“打开”菜单项，在弹出的“打开”对话框中的选择系统安装路径、文件类型选择“表(*. dbf)”、文件名选择“LABLES”，如图 1 - 1 所示；

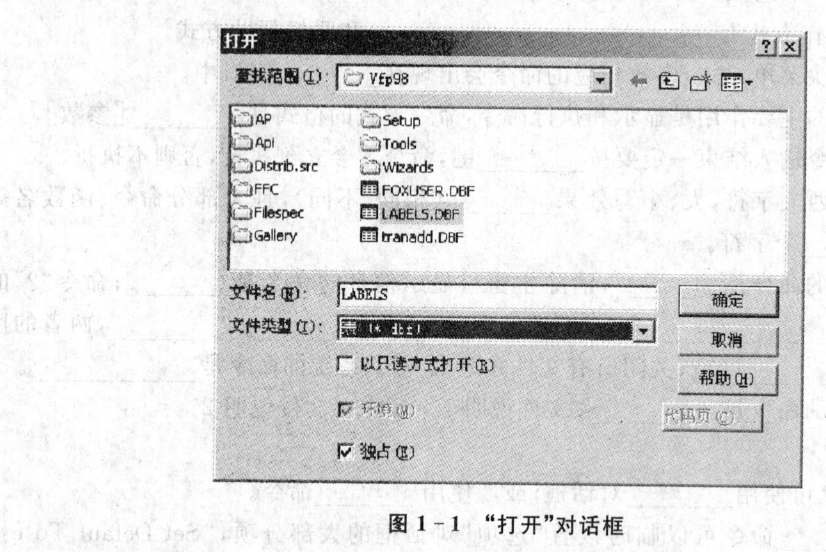

图 1 - 1 “打开”对话框

第 2 步：单击“确定”按钮，此时命令窗口如图 1 - 2 所示；

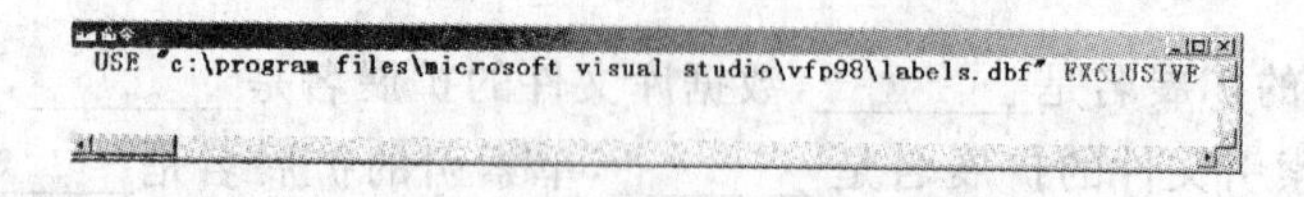

图 1 - 2 打开 LABELS. dbf 对应的命令窗口

第 3 步：单击主菜单“显示”，选择“浏览”菜单项，出现如图 1 - 3 所示的窗口，命令窗口

对应显示如图 1 - 4 所示；

Labels

Type	Id	Name	Readonly	Ckval	Data	Updated
	LABELLYT	Avery 4143	F	4869	Memo	/ /
DATAW	LABELLYT	Avery 4144	F	39266	Memo	/ /
DATAW	LABELLYT	Avery 4145	F	24620	Memo	/ /
DATAW	LABELLYT	Avery 4146	F	32961	Memo	/ /
DATAW	LABELLYT	Avery 4160	F	24198	Memo	/ /
DATAW	LABELLYT	Avery 4161	F	29742	Memo	/ /
DATAW	LABELLYT	Avery 4162	F	25802	Memo	/ /
DATAW	LABELLYT	Avery 4163	F	62917	Memo	/ /
DATAW	LABELLYT	Avery 4166	F	8098	Memo	/ /
DATAW	LABELLYT	Avery 4167	F	34446	Memo	/ /
DATAW	LABELLYT	Avery 4168	F	52915	Memo	/ /
DATAW	LABELLYT	Avery 4169	F	6242	Memo	/ /
DATAW	LABELLYT	Avery 4240	F	9560	Memo	/ /
DATAW	LABELLYT	Avery 4241	F	38880	Memo	/ /
DATAW	LABELLYT	Avery 4249	F	45776	Memo	/ /
DATAW	LABELLYT	Avery 4250	F	30651	Memo	/ /
DATAW	LABELLYT	Avery 4251	F	59060	Memo	/ /
DATAW	LABELLYT	Avery 4253	F	54411	Memo	/ /
DATAW	LABELLYT	Avery 4254	F	5061	Memo	/ /

图 1 - 3　浏览 LABELS. dbf 的窗口

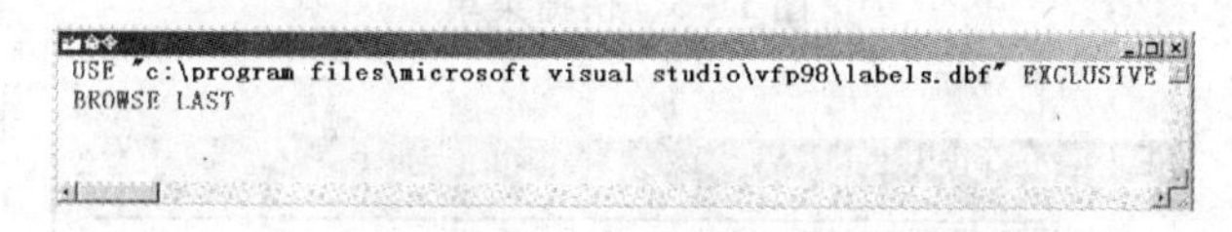

图 1 - 4　浏览 LABELS. dbf 对应的命令

(4) 观察命令的执行

第 1 步：在命令窗口中输入以下命令，观察命令的执行情况（右边注释的内容不需输入）；

```
a=3                    &&A 行
b=4                    &&B 行
? a+b                  &&C 行
```

第 2 步：分别复制上述 A、B 两行的命令，粘帖到命令窗口中，观察命令的执行情况；

```
a=3
b=4
? a+b
a=3                    && 复制 A 行后回车
b=4                    && 复制 B 行后回车
? a-b                  && 输入该命令后回车
```

第 3 步：输入命令：clear，观察 VFP 工作窗口的变化；

第 4 步：鼠标指向命令窗口，单击右键，在出现的快捷菜单（如图 1 - 5 所示）中选择“清除”命令，观察命令窗口的变化。

【提示】

1) 通过键盘上的上下键可以翻动之前用过的命令。

2）使用复制(Ctrl+C)、粘贴(Ctrl+V)的方法提高命令的重用率。

3）单击主菜单“编辑”，选择“属性”菜单项，在弹出的“编辑属性”对话框中可以对命令窗口中的字体设置。

4）若输入的命令有错，则出现如图 1-6 所示的系统提示框(命令错误的不同，提示框中的提示信息将有所不同)，表示无法执行该命令。

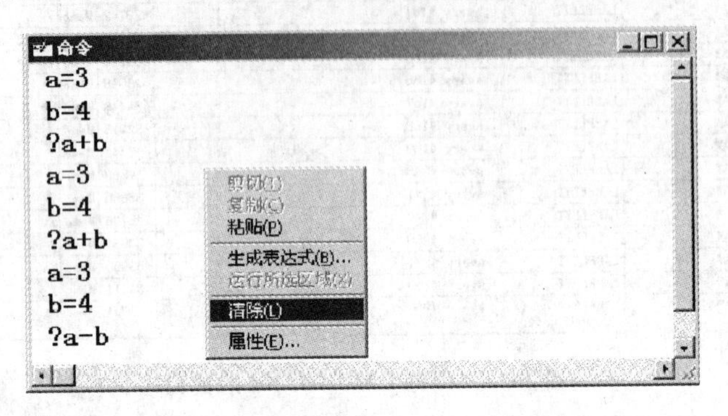

图 1-5 快捷菜单

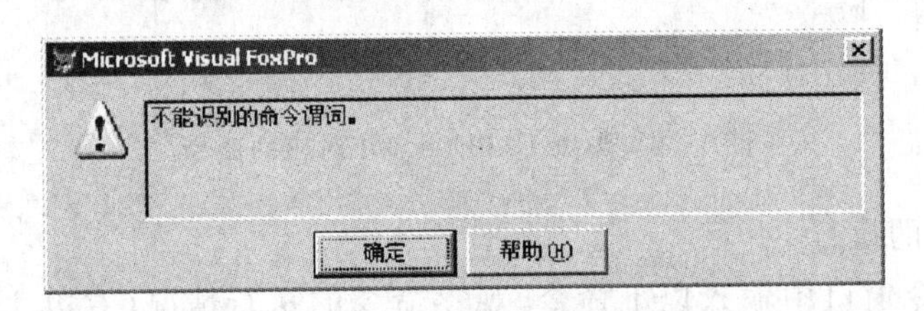

图 1-6 系统提示

4. 工具栏的使用和定制

(1) 工具栏的使用

工具栏比菜单使用方便，VFP6.0 默认界面打开的仅有“常用”工具栏。除此之外，VFP6.0 还提供了 11 个其他工具栏，具体见图 1-7 所示。

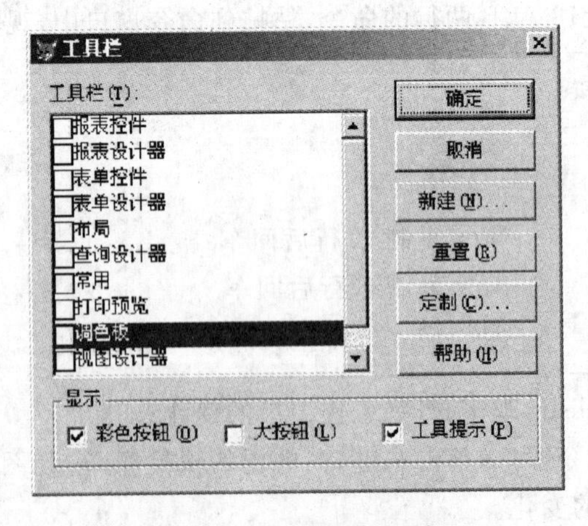

图 1-7 “工具栏”对话框

(2) 工具栏的定制

【例 2】定制工具栏 My_New。

第 1 步：单击主菜单“显示”，选择“工具栏”，即打开如图 1－7 所示的“工具栏”对话框；

第 2 步：单击右边的“新建”按钮，弹出如图 1－8 所示的“新工具栏”对话框；

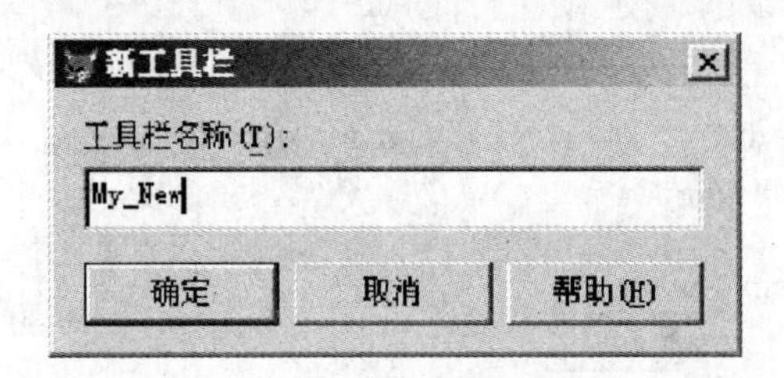

图 1－8　“新工具栏”对话框

第 3 步：在“工具栏名称”文本框中输入名称“My_New”，单击“确定”按钮，弹出“定制工具栏”对话框；

第 4 步：在“按钮”中选择需要的图标，如图 1－9 所示，将其拖动到左边“My_New”中即可；

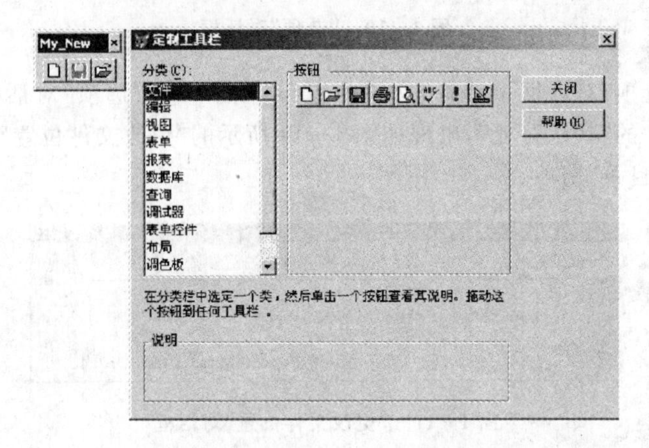

图 1－9　“定制工具栏”对话框

第 5 步：单击“关闭”按钮，用户重新打开“工具栏”对话框观察前面新建的工具栏是否出现在列表中。

【提示】

1) 拖放时要小心，以免出现多个工具栏。

2) 删除定制的工具栏，只需要在图 1－7 中选择工具栏的名称，再单击右边“删除”按钮即可。

5. VFP6.0 的设置

(1) “选项”对话框的设置

用户利用“选项” 对话框定制 VFP 工作方式。单击主菜单“工具”，选择“选项"菜单项，即打开如图 1－10 所示的“选项”对话框；

(2) 设置默认目录

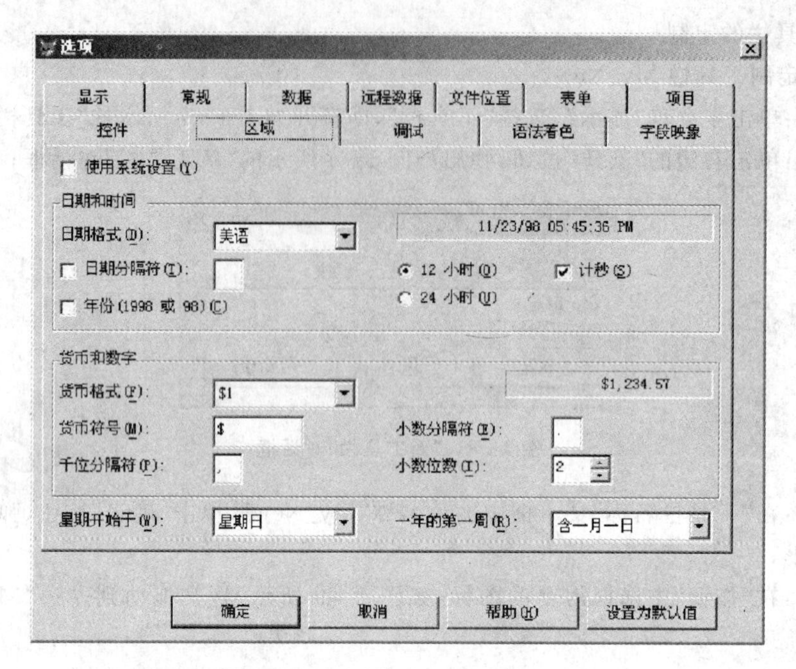

图 1－10 "选项"对话框

方法一：在"选项"对话框中选择"文件位置"选项卡。在"选项"对话框中选择"文件位置"选卡，双击其中的"默认路径"，出现如图 1－11 所示的"更改文件位置"对话框，并选中左下角的"使用默认目录"选项。

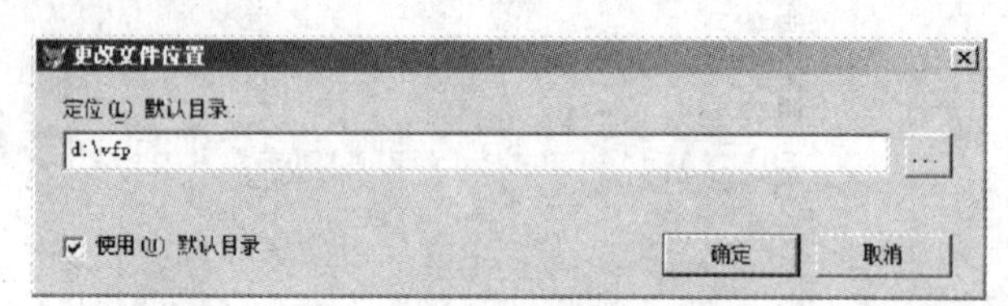

图 1－11 "更改文件位置"对话框

方法二：Set Default To 命令方式

如：Set Default To d:\VFP(&& 请先确定 D 盘"VFP"文件夹是否已存在。)

【提示】此时"选项"中"文件位置"选项卡显示如图 1－12 所示。

6. 退出

(1) 单击主窗口右上角的"关闭"按钮。

(2) 选择主菜单"文件"中的"退出"菜单项。

(3) 在命令窗口中键入命令：quit(回车)。

(4) 按组合键 Alt＋F4。

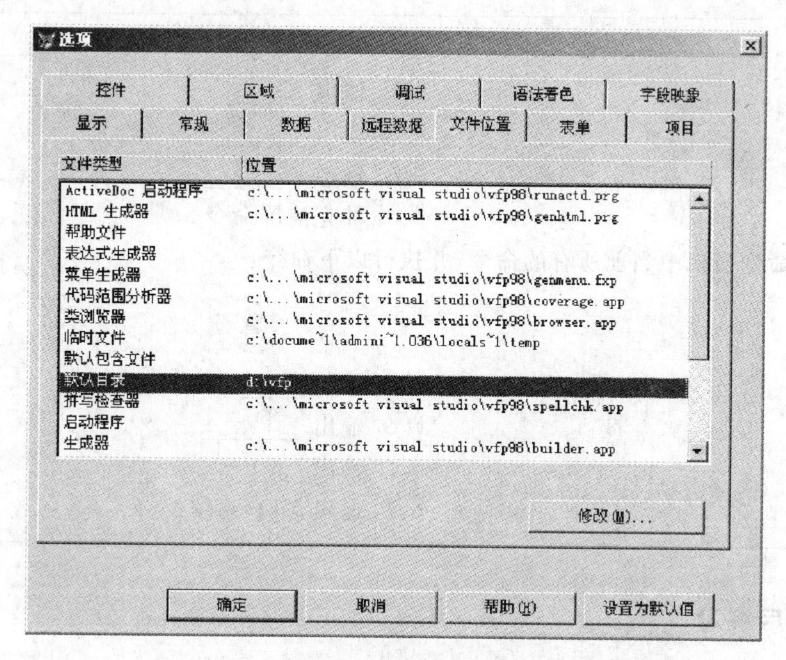

图 11－12　设置默认目录后的“选项”对话框

三、实验内容

1. 创建如图 1－13 所示的工具栏：

图 1－13　自定义工具栏

2. 查看 VFP 的安装目录，然后在 D 盘下创建一文件夹“VFP”，并设 D:\VFP 为当前默认的工作目录。

3. 先将命令窗口中的字体设置成“宋体、粗体、四号”，然后在命令窗口执行以下命令，并将结果写在下面的横线上。

【提示】注释内容不需要输入。

```
x="中国"
y="人民"
? x                          && 输出________
? y                          && 输出________
? x+y                        && 输出________
x=1
```

```
y=2
? x                                && 输出________
? y                                && 输出________
? x+y                              && 输出________
                                   && 补充清屏命令
________________
&& 清除命令窗口中当前所有的命令,并执行以下命令:
x=2
y=3
? x                                && 输出________
? y                                && 输出________
? x*y                              && 输出________
                                   && 退出 VFP 系统
________________
```

四、课后练习

1. 若要退出 VFP6.0 系统回到 Windows 环境,可以在命令窗口中输入________命令。

   A. Clear　　B. Quit　　C. Exit　　D. Close

2. 清除主窗口屏幕的命令是________。

   A. Clear All　　B. Clear Screen　　C. Clear　　D. Clear Windows

3. VFP 的"文件"主菜单中"关闭"菜单项是用来关闭________的。

   A. 当前活动的窗口　　B. 所有窗口

   C. 所有已打开的窗口　　D. 当前工作区中已打开的数据库

4. "选项"对话框的"文件位置"选项卡用于设置________。

   A. 表单的默认大小　　B. 程序代码的颜色

   C. 日期与时间的显示格式　　D. 默认目录

5. 下面关于 VFP 工作方式的介绍中,正确的说法是________。

   A. 只有惟一一种工作方式,也就是命令工作方式

   B. 有两种工作方式,分别是鼠标和键盘工作方式

   C. 有两种工作方式,分别是命令和程序工作方式

   D. 有三种工作方式,分别是命令、程序和菜单工作方式

6. 在命令窗口中设置工作默认路径的命令是________________________。

实验 2　项目管理器

一、实验目的

1. 理解项目管理器的功能。
2. 掌握项目文件的创建、打开、使用和关闭的方法。
3. 熟练使用项目管理器管理各种文件。

二、实验准备

知识点

1. 基本概念

(1) 项目是________、文档、类、代码等对象的集合。

(2) 项目文件窗口由“全部”、________、“文档”、“类”、________和“其他”6 个选项卡。

(3) ________选项卡用来集中显示该项目中所有文件；“数据”选项卡用来显示数据库、______________、______________、______________、______________和存储过程等文件；“文档”选项卡用来显示__________、__________和标签等文件；“代码”选项卡用来显示__________、API 库和应用程序等文件；“其他”选项卡用来显示__________、文本文件和其他文件等。

2. 项目文件的新建

(1) 使用____________________________命令来创建项目文件。

(2) 项目文件以扩展名__________________________保存。

分析

注：设置 d:\vfp 为默认目录。

1. 新建项目文件

【例 1】在默认目录下创建一个名为“项目 1”的项目文件。

方法一：利用“新建”对话框。

第 1 步：单击“文件”主菜单，选择“新建”子菜单，即出现如图 2－1 所示的对话框；

第 2 步：文件类型选择“项目”，单击右边“新建文件”按钮，出现如图 2－2 所示的“创建”对话框；

第 3 步：在默认目录下项目文件名“项目 1”，单击“保存”按钮，出现如图 2－3 所示的项目管理器对话框。

方法二：使用命令。

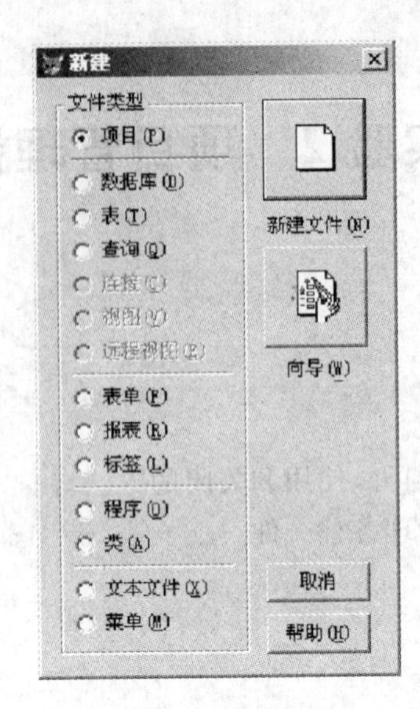

图 2-1 "新建"对话框

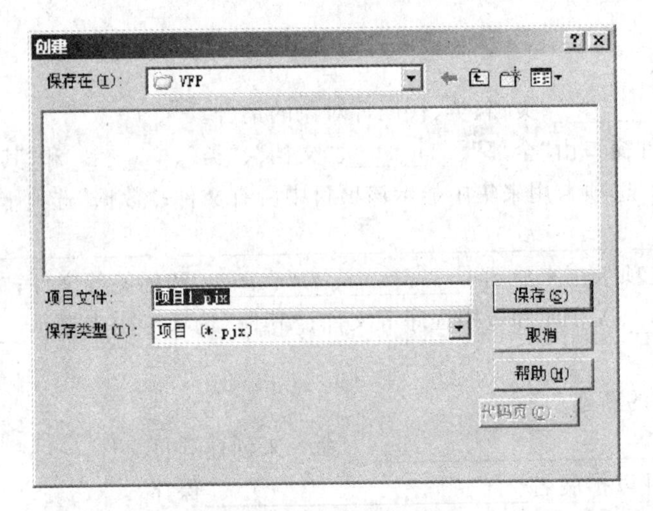

图 2-2 "创建"对话框

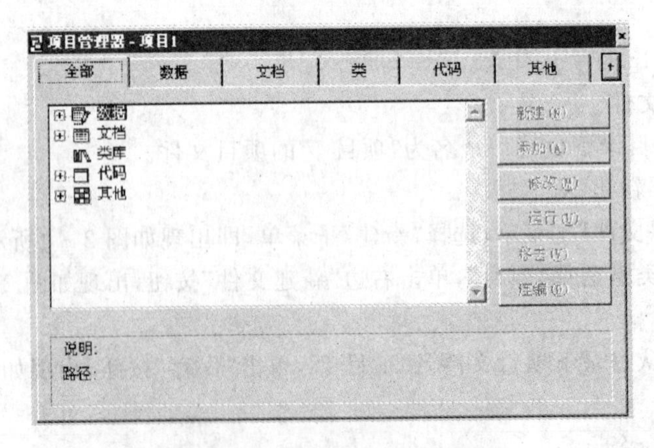

图 2-3 项目管理器对话框

格式:Create Project 项目文件名　　　　　&& 扩展名为. pjx

如在命令窗口中输入:

Create Project d:\vfp\项目 1

执行命令后也出现如图 2-3 所示的项目管理器对话框。

【提示】

1) 出现图 2-3 所示的对话框后,用户就可以在"项目管理器"中对数据、表单、菜单等进行相关操作。

2) 用上述两种方法创建项目后,在 D:\VFP 中出现两个文件:"项目 1. pjx"和"项目 1. pjt"。

2. 窗口介绍

项目管理器对话框以目录树的结构对各种文件进行管理,符号"+"表示该文件可以再向下分解,"-"表示该文件已经展开。另外项目管理器的右边有 6 个功能按钮,但是不同的选项卡有不同名称的按钮,可以根据需要进行新建、修改、添加、删除等各种文件的操作。下面列出常见的几个按钮的功能:

(1)"新建":用于建立新的文件。

(2)"添加":把已有的文件添加到项目中。

(3)"修改":选定要修改的文件,选择"修改"按钮,系统自动打开相应的设计器让用户完成修改。

(4)"运行":执行选定的文件。

(5)"移去":选定要移去的文件,选择"移去"按钮后,系统弹出对话框,询问用户是仅从项目中移去该文件(此项目中不再包含该文件,但它仍然保存在磁盘上),还是从磁盘中删除(把该文件从磁盘上删除),见图 2-4 所示。

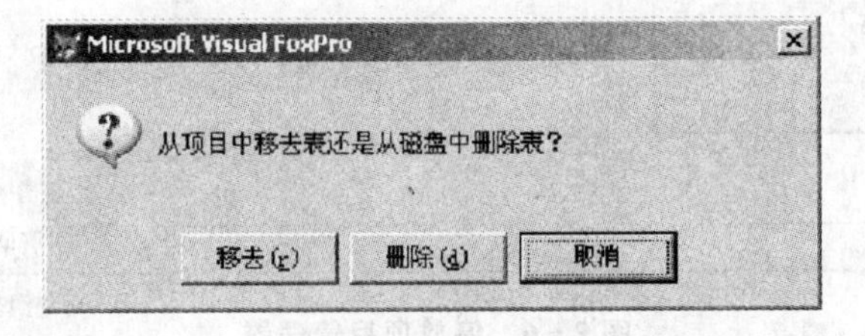

图 2-4　确认对话框

(6)"连编":将项目中所有文件连编成一个完整的应用程序。

3. 定制"项目管理器"

(1) 项目管理器的移动

用鼠标指向标题栏,将对话框拖动到其他位置释放即可。

(2) 项目管理器的折叠和展开

折叠:只需单击对话框右上角的向上箭头按钮(折叠按钮)即可,如图 2-5 所示。

展开:再次单击图 2-4 中的折叠按钮,即可将项目管理器展开。

(3) 项目管理器的停放和还原

停放:双击(或者拖动)项目管理器的标题栏,就将项目管理器对话框拖到 VFP 窗口作

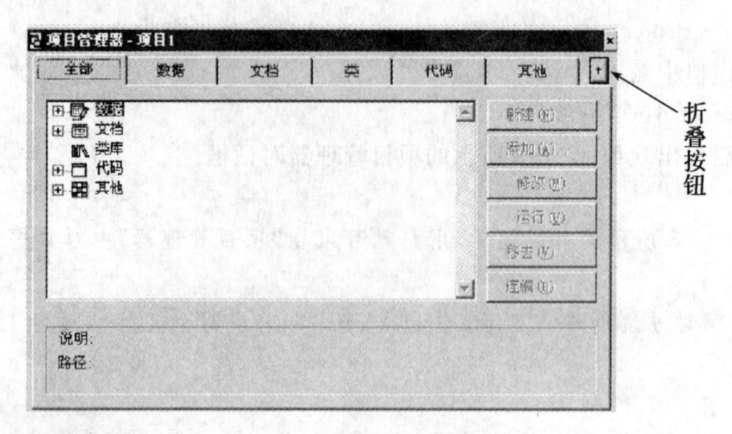

图 2-5 项目管理器对话框

为工具栏的一部分，其中的选项卡可以打开使用。图 2-6 显示了停放项目管理器后打开“全部”选项卡。

还原：双击已缩放的“项目管理器”的左侧(或右侧) 即可还原成原来的对话框形态。

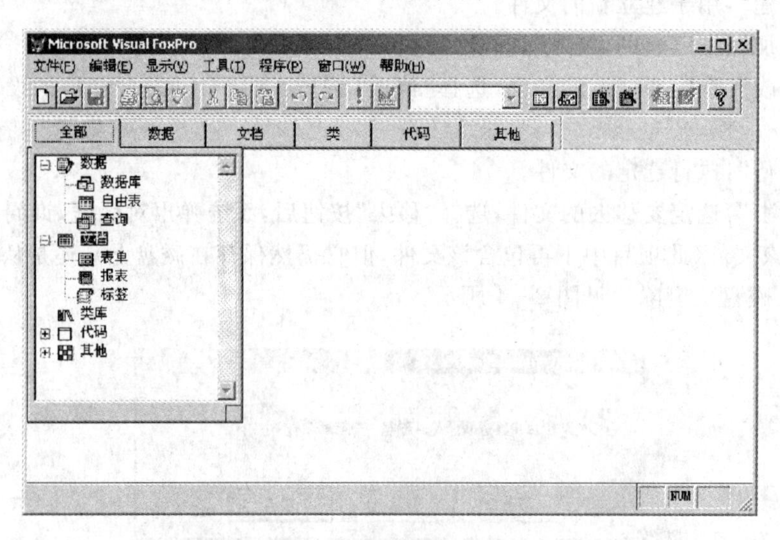

图 2-6 停放项目管理器

(4) 项目管理器的拆分和还原

只有在项目管理器折叠或停放的状态下才能对其进行拆分和还原。

拆分：用鼠标指向某个选项卡，如“数据”选项卡，按住鼠标左键将其拖到项目管理器区域之外，再松开鼠标，如图 2-7 所示。

还原：单击该选项卡右侧上方的关闭按钮即可。

4. 项目文件的关闭和打开操作

(1) 项目文件的关闭

方法一：单击项目管理器对话框右上角的“关闭”按钮。

方法二：单击主菜单“文件”，选择“关闭”菜单项。

方法三：命令窗口中输入：Close All。

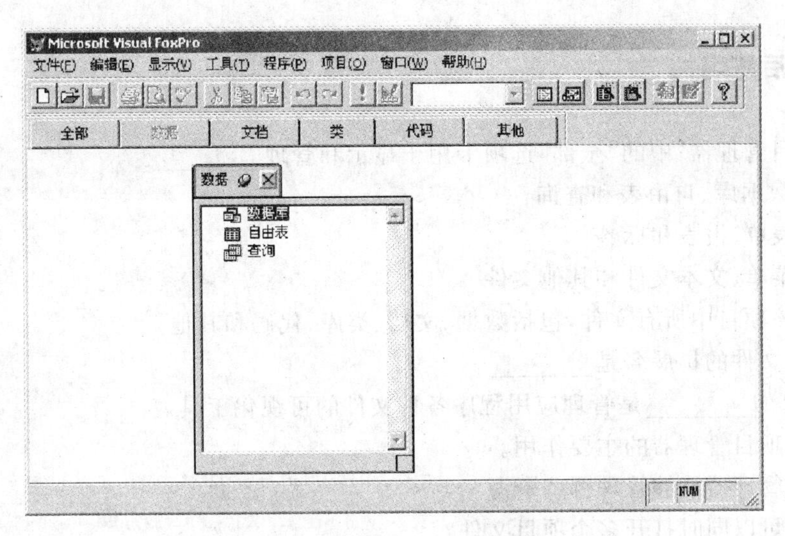

图 2－7　"数据"选项卡拆分窗口

【提示】若要关闭没有添加任何内容的项目文件(如前面新建的"项目 1. pjx"项目文件)时,系统会自动出现如图 2－8 所示的对话框。

图 2－8　确认对话框

(2) 项目文件的打开

方法一:单击主菜单"文件",选择"打开"菜单项,然后确定路径和文件名即可。

方法二:命令窗口中输入:Modify Project 项目文件名　&& 扩展名为. pjx。

如:Modify Project 项目 1

三、实验内容

1. 分别用对话框和命令设置 D:\VFP 为系统的默认目录。
2. 在 D:\VFP 中创建一个 student. pjx 项目文件,然后退出 VFP 系统。
3. 打开项目文件 student,并浏览项目管理器的各个选项卡内容。

【提示】可以参考前面内容,练习项目管理器的移动、折叠和展开、停放和还原、拆分和还原等操作。

4. 将教材[例 2.1]上机练习。

四、课后练习

1. “项目管理器”中的“全部”选项卡用于显示和管理________。
   A. 数据库、自由表和查询
   B. 表单、报表和标签
   C. 菜单、文本文件和其他文件
   D. 该项目中所有文件，包括数据、文档、类库、代码和其他
2. 项目文件的扩展名是________。
3. VFP 的________是管理应用程序各种文件的可视化工具。
4. 叙述项目管理器的主要作用。
5. 项目管理器能够管理哪些资源？
6. 能否可以同时打开多个项目文件？

实验3　语言基础

一、实验目的

1. 掌握 VFP 中各种数据容器的类型和基本形式。
2. 掌握 VFP 中变量的赋值方法。
3. 掌握 VFP 中常用函数的功能、格式和使用方法。
4. 掌握 VFP 中各种运算符和表达式的使用方法。

二、实验准备

知识点

1. 数据类型

(1) 数据类型决定了数据存储方式和________。

(2) 字符型数据可用符号________表示，数据长度为 0～254；整型数据可用符号________表示，占________B；数值型数据可用符号________表示，数据长度为 1～20 位，其中小数点占 1 位；日期型数据可用符号________表示，占________B；逻辑型数据可用符号________表示，占________B，且只有两个值，分别是________和________；通用型数据可用符号________表示，占________B；备注型数据可用符号________表示，占________B。

2. 数据容器

(1) 数据容器有________、________、数组、记录和对象。

(2) 数据容器命令规则是以________________开头，由________________组成。除自由表的字段名、表的索引标识名至多________个字符外，其余名称的长度可以是 1～128个字符。

3. 常量

(1) 字符型常量需要使用定界符号是________、________或方括号，且必须是（西文/中文）的字符。

(2) 日期型或日期时间型常量必须用符号________________括起来。

(3) 逻辑型常量只有两个值：________和________，且字母两边的圆点________（能/不能）忽略。

4. 变量

(1) VFP 的变量可分为________变量、字段、对象和________变量；暂存内存单元的单个数据称为________变量，暂存内存单元的一批数据称为________；系统变量均以________开头。

(2) 可使用________命令或________运算符对变量赋值，其中可以同时给多个变量赋相同值的是________，只能给一个变量赋值的是________。

(3) 根据作用域的不同,可以将变量分为________变量、私有变量和________变量,其中在命令窗口创建的变量属于________(局部/私有/全局)变量。

(4) 若变量和打开的表字段同名,则________具有优先权,想要引用变量,可在变量名前加上前缀________或________。

(5) 使用符号________可以显示指定的内存变量值;____________命令可以将内存变量长期保存在一个文件中;Clear Memory 或 Release 命令的作用是__________。

5. 数组

(1) 数组必须先________再________,且下界默认为________。

(2) 用____________和____________来定义私有数组。

(3) 系统自动给每个数组元素赋初值为________;给数组名赋值的作用是____________________。

6. 函数

(1) 数值函数用于处理________型数据,其返回值也为________型数据。

(2) 字符函数用于处理________型数据或其他类型数据。

(3) 日期与时间函数用于处理日期与时间型数据,其返回值为________型或数值型。

(4) 数据类型转换函数用于将________转换为________。

7. 运算符与表达式

(1) 通过运算符将常量、变量、函数等连接起来,并有惟一值的式子称为________。

(2) 算术运算符________和函数 mod()的功能相似。

(3) 两个字符操作数通过运算符"+"组成,表示这两个运算符的________(算术加/连接)运算。

(4) 日期型或日期时间型数据只能与整数相加,________(能/不能)互加;日期型或日期时间型数据互减的结果为________型。

(5) 关系运算符要求二个操作数的类型必须________(相同/不同),其运算结果为________型。

(6) ________逻辑运算符中只需一个操作数;逻辑表达式的值仍为________值。

(7) 名称表达式是由________括起来的一个字符表达式,可以替换命令和函数中的名称、变量或数组元素,且________(能/不能)出现在赋值语句的左边。

(8) 宏替换的符号是________________________。

分析

1. 执行下列程序段后,屏幕上显示的结果是:________。

```
Set Talk Off
Clear
X="18"
Y="2E3"
Z="ABC"
? Val(X)+Val(Y)+Val(Z)                    &&A 行
```

A. 2018.00　　B. 18.00　　C. 20.00　　D. 错误信息

【分析】答案:A。VAL(<表达式>)在处理时,从左到右返回<表达式>中的数字,直到遇到非数值型字符时为止,若字符表达式的第一个字符不是数字,也不是加减符号,则返回0。因此A行表达式中VAL("18")的返回值是18;VAL("2E3")的返回值是2E3,即2000;VAL("ABC")返回0,所以A行表达式的值是2018。

2. 在Visual FoxPro系统中,表达式LEN(DTOC(DATE(),1))的值为________。

A. 4　　B. 6　　C. 8　　D. 10

【分析】答案:C。DATE()返回当前日期,如{^0/13/09},DTOC(DATE(),1)表示以年月日顺序且无分隔符的形式返回字符型日期,即"20090313",LEN(<表达式>)返回<表达式>中字符的个数,即8。所以本题正确的选项是C。

3. MOD(21,−5)的返回值是________________;MOD(−21,−5)的返回值是________________;MOD(−21, 5)的返回值是________________;MOD(21, 5)的返回值是________________。

【分析】答案−4、−1、4、1。本题考查的知识点是MOD函数。MOD(被除数,除数)返回值的符号取决于除数的符号。它和%符号运算过程一致。所以本题的答案是−4、−1、4、1。

4. 下列函数返回值不是数值型的是________。

A. month(date())　　B. len("你好")

C. left('Yellow',2)　　D. at ('I am a student' , 'am')

【分析】答案:C。A选项返回当前系统日期的年份,是整型;B选项返回字符串"你好"的长度,一个汉字的长度是2,所以返回值是整数4;C选项得到字符串"Yellow"左边两个字符组成的字串"Ye",返回值是字符型;D选项返回字符串"I am a student"在"am"中的首次出现的位置,即整数0。所以本题正确的选项是C。

5. 表达式str(year(date()+1000))的值是________类型的数据。

【分析】答案:字符。date()的返回值为日期型,表达式date()+1000的返回值也是一个日期型,函数year()用于取出日期型参数中的年份,且返回值是数值型,str()函数的功能是将一个数值型数据转换成一个字符型数据,所以本题正确的答案是字符。

6. 依次执行下列命令后,输出的结果是________。

```
x1="xs.dbf/cj.dbf/gz.dbf"
z1=At("/",x1)+1                    &&A行
f1=Substr(x1,z1,2)                 &&B行
? f1                               &&C行
```

【分析】答案:cj。at()函数的功能是求字串在字符串中的位置,因此A行的执行使得变量z1为8;substr()求字符串中指定位置的字串,因此B行的执行使得变量f1为"cj",所以C行输出为cj。注意字符串输出时不带界定符。

三、实验内容

1. 上机调试下列表达式，并将执行结果写在对应的行中。

操作	结果
a＝2 Store 3 to b，c ? a＋b＋c ? a＋b＊c/a	
? 12＋34 ?"12"＋"34"	
? Date()＋6 ? Date()－{^2009－03－1} ? Date()－50	
? 2＞3 ?"中国"＞＝"北京"	
a＝"6" ? a＞＝'0' and a＜＝'9' b＝'Y' ? b＞＝'a' and b＜＝'z' ? b＜'A' OR b＞'z'	
name＝"我们" x＝"name" Store 200 to (x) ? name	
x＝"OK" Store "学习" TO y ok＝'努力'	
? &x＋y ? &x＋y	

2. 在命令窗口中建立符合以下要求的 6 条命令。

(1) 建立一个 2 行 3 列的数组 B；

(2) 只用 2 条赋值命令给 6 个元素分别赋值为：2，2，2，“程序设计”，2，2；

(3) 分别显示 6 个元素，要求每行输出两个。

3. 编写命令，利用函数 Substr()函数将字符串“3312”逆序输出。

4. 编写命令,显示你的年龄。

5. 在表中填写命令的执行结果及其功能。

操作	显示结果	功能
? Abs(−12.24)		
? Max(−5,6,8),Min(−5,6,8)		
? Int(−3.14),Int(4.6)		
? Mod(23,−6),Mod(23,6)		
? Mod(−23,−6),Mod(−23,6)		
? Round(25.46,1),Round(256.46,−2)		
? Sqrt(9)		
? Rand()		
s=" abc def " ? Len(s) ? Len(Trim(s)) ? Len(Ltrim(s)) ? Len(Rtrim(s)) ? Len(Alltrim(s)) ? Len("中国共产党") ? Len(Space(6))		
? At("b","abf12bf") ? At("b","abf12bf",2) ? At("中","人民中国中华") ? At("中","人民中国中华",2)		
? Substr("Visual Foxor0 6.0",8,5) ? Substr("Visual Foxor0 6.0",8) ? Substr("中华人民共和国",3,4) ? Substr("中华人民共和国",9)		
? Left(Str,3) ? Right(Str,5)		
? Date() ? Time() ? Datetime()		
? Year(Date()) ? Month(Date()) ? Day(Date()) ? Dow(Date())		

（续表）

操作	显示结果	功能
? Asc("abcAB")		
? Chr(68)		
? Val("23abc45") ? Val("abc45") ? Vval("23")		
? Str(456.78) ? Len(Str(456.78)) ? Str(456.78,5,1) ? Str(123456789123) ? Dtoc(Date()) ? Ctod("03/14/09")+2		
? Type("date()") ? Type("3+4") ? Type("3>4")		

四、课后练习

1. 在 Visual FoxPro 系统中，下列表示中不属于常量的是________。

   A. .T.　　B. [T]　　C. "T"　　D. T

2. 函数 INT(−3.14) 的返回值是________。

   A. −4　　B. −3　　C. 3　　D. 4

3. 执行下列命令后，屏幕上显示的结果是________。

```
X="ARE YOU Ok?"
Y="are"
? AT(Y,X)
```

   A. 1　　B. .F.　　C. .T.　　D. 0

4. 利用命令 Dimension x(2,3) 定义了一个名为 X 的数组后，依次执行 3 条赋值命令 X(3)=10，X(5)=20，X=30，则数组元素 x(1,1)，X(1,3)，X(2,2) 的值分别是________。

   A. 30,30,30　　B. .F.,10,20　　C. 30,10,20　　D. 0,10,20

5. 在 VFP 中，将字符型数据转换成日期型数据的函数是________。

   A. DTOC()　　B. CTOD()　　C. DATE()　　D. STR()

6. Substr("VisualFoxPro5.0",4,7)的返回值是________。

   A. ualFoxP　　B. FoxPro5　　C. FoxP　　D. FoxPro5.0

7. 以下________名称符合 VFP 的命名规则。

A. _cMain，c_2，b2，姓名　　B. a2b，NAME－_OF－XS，_C_2

C. 2b，－X1，_C_2　　D. NAME_XS，NAME&XS，2_C

8. 下列表达式中，是日期型数据的是________。

A. "07/09/02"　　B. '07/09/02'　　C. 07/09/02　　D. {^07/09/02}

9. 经常用 Dimension 命令对________进行声明。

A. 常量　　B. 对象　　C. 变量　　D. 数组

10. 若表中定义了一个整型字段，则该字段的长度是________。

A. 1　　B. 2　　C. 4　　D. 由用户自己决定

11. Year(Date())的数据类型是________________；Date()＋6 的数据类型是________________；Mod(10,3) 的数据类型是________________；Val("123") 的数据类型是________________；Time()的数据类型是________________。

12. 数学表达式：$2 \leqslant x < 10$，在 VFP 中的正确写法是________。

13. 若 $x=90$，则函数 Iif(x>＝60;Iif(x>80),"A","B"),"C")的返回值是________。

14. 定义一个二维数组，如下所示：Dimension a[3,4]，则 a[2,3]的值为________，又有如下形式：Dimension a[3,4]，a＝5，则 a[1,2]的值为________。

15. 写出符合下列要求的逻辑表达式：

设：职称－zc，工资－gz，性别－xb，出生日期－csrq、婚否－hf

(1) 职称是“教授”或“副教授”的女教师；

____

(2) 工资在 1500～4000 之间 ；

____

(3) 职称是“副教授”或“讲师”、未婚的男教师；

____

(4) 年龄在 40 以下的女教师；

____

16. 写出以下逻辑表达式的含义：

设：职称－zc，工资－gz，性别－xb，出生日期－csrq、婚否－hf

(1) (gz>5000 Or gz<1000)And xb＝'女'

____

(2) zc＝"讲师" And hf＝.T.

____

(3) zc＝"教授" And (Year(date())－Year(csrq))<＝40 And hf＝.F. And xb＝'男'

____

实验4 数据库与表的创建

一、实验目的

1. 理解数据库和表的概念。
2. 掌握数据库创建和使用方法。
3. 掌握表的创建方法。
4. 掌握表结构的基本操作方法。
5. 掌握浏览表记录的方法。

二、实验准备

知识点

1. 基本概念

(1) 数据库的基本单位是________;二维表中的行在VFP表中称为________,列在VFP表中称为________。

(2) 数据库一般包含:________、________、远程视图、连接、存储过程。

(3) 数据库文件的扩展名是________________,表文件的扩展名是________________。

(4) 数据库创建后会生成三个文件,其扩展名分别是________、.dct和.dcx。

(5) 数据库必须"先________后________",对于新建的数据库,系统会自动以________方式打开。

(6) VFP中表分成________表和________表,一个数据库表只能属于________个数据库。

2. 表的新建

(1) 创建一个表,首先要先建________________,然后再输入记录;表文件的扩展名是________。

(2) 创建表可用________设计器,也可用命令________。

3. 表结构的修改

(1) 修改表结构实质就是打开________。

(2) 修改表结构可以修改现有的________内容、添加新的________、删除不用的________等。

4. 表的浏览

(1) 打开浏览窗口,以________的形式显示表记录,用命令________打开表的浏览窗口。

(2) 表示范围的子句有________、Next n、Record n和All,其中Next n表示________

__________，Record n 表示__________________。

(3) 要将表的记录内容输出 VFP 主窗口，则可用命令________和________；二者的区别在于：Display 是________显示，List ________显示，且缺省参数时，List 显示________记录，而 Display 只显示________记录。

分析

注：设置 d:\vfp 为默认目录。

1. 数据库基本操作

(1) 新建数据库

【例 1】在默认目录下创建数据库文件 sjk.dbc。

第 1 步：打开项目文件 student.pjx，单击"数据"选项卡；

第 2 步：选中"数据库"，单击"新建"按钮，出现如图 4-1 所示的"新建数据库"对话框；

第 3 步：单击"新建数据库"，在弹出的"创建"对话框中输入数据库名"sjk"，单击"确定"按钮，出现如图 4-2 所示的"数据库设计器"窗口及其"数据库设计"工具栏；

第 4 步：单击"数据库设计器"窗口的关闭按钮，即可退出。

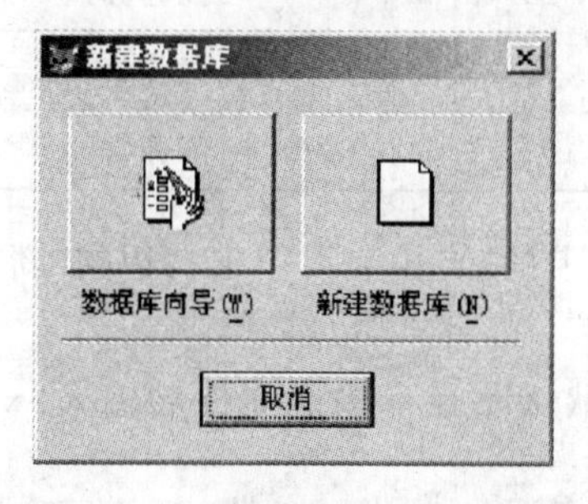

图 4-1 "新建数据库"对话框

图 4-2 数据库设计器

【提示】

1) 此时数据库 sjk 设计完成，在默认目录下观察发现，已产生对应的 3 个文件：sjk.dbc、sjk.dct 和 sjk.dcx。

2) 命令 Create Database sjk 也可以实现以上操作。

(2) 打开数据库

【例 2】打开数据库 sjk。

第 1 步：打开项目文件 student.pjx，单击"数据"选项卡；

第 2 步：选中"数据库"，单击左边的"+"，选中"sjk"，单击"修改"按钮，即可打开"数据库设计器"。

【提示】命令 Modify Database sjk 也可打开数据库设计器。

(3) 关闭数据库

方法一：单击"数据库设计器"窗口的关闭按钮。

方法二：用命令"Close Database"关闭当前打开的数据库

【提示】命令"Close Database all"关闭所有打开的数据库。

2. 表的新建

(1) 表结构的建立

【例 3】建立如表 4-1 所示的自由表 xs.dbf。

表 4-1 表 xs.dbf

xh (C,10)	xm (C,8)	xb (C,2)	csny (D,8)	jg (C,20)
1703050101	王静	女	06/20/87	江苏南京
1703050108	李婷	女	03/12/86	江苏泰州
1703050604	程宁	男	11/18/88	江苏南京
1703050606	张毅飞	男	07/18/85	上海
1703050410	钱宇	女	10/21/89	福建福州
1703050415	方蔷薇	女	01/20/86	广东广州
1703050420	赵海燕	男	01/14/87	上海
1703050501	张炜	男	12/18/85	江苏苏州
1703050513	王菲	男	09/25/86	江苏镇江
1703050530	杨成华	女	05/11/84	江苏常州

第 1 步:打开项目文件 student.pjx,选择"数据"选项卡的"自由表",单击右边的"新建"按钮,出现"新建表"对话框;

第 2 步:单击"新建表"按钮,出现"创建"对话框,在默认路径下输入文件名输入"xs",按"保存"按钮,出现"表设计器"对话框;

第 3 步:在"表设计器"对话框中输入字段名、类型、宽度、小数位数等信息,如图 4-3 所示;

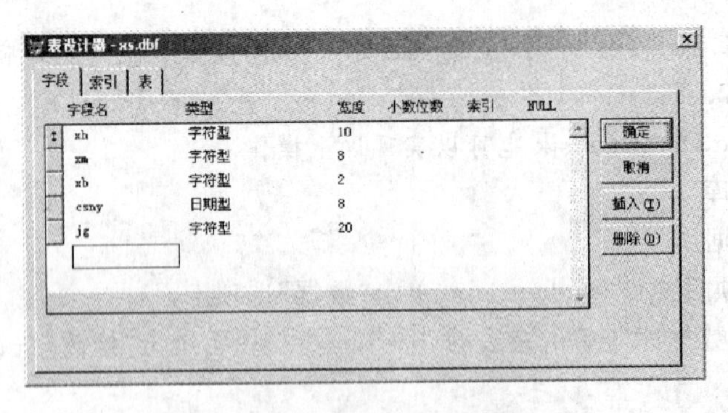

图 4-3 "表设计器"对话框

第 4 步:单击"确定"按钮后,出现"输入数据"对话框,询问现在是否要输入记录;

第 5 步:单击"否"按钮即关闭表设计器,表结构建立完成。

【例 4】在数据库 sjk 中创建如表 4-2 所示的数据库表 kc.dbf。

表 4-2 表 kc.dbf

kcbh (C,3)	kcm (C,20)	gh (C,4)	xf (N,1)
101	电工电子技术	1609	2
114	单片机原理及应用	0807	3
121	VFP 程序设计	1765	3
123	VB 程学设计	2301	3
124	VC 程序设计	1765	3
130	英语泛读	0768	2
131	英语会话	1879	2
142	化工制图	1890	2
145	高分子化学	0213	3

第 1 步:打开项目文件 student. pjx,选择“数据” 选项卡,选中数据库 sjk 中的“表”,单击右边“新建”按钮,出现“新建表”对话框;

第 2 步:选择“新建表”按钮,在弹出的创建对话框中输入文件名“kc”,单击“保存”按钮,即弹出“表设计器”对话框;

第 3 步:根据表 4-2,在“表设计器” 对话框中输入如图 4-4 所示的信息。

【提示】注意自由表设计器和数据库表设计器外观上的区别。

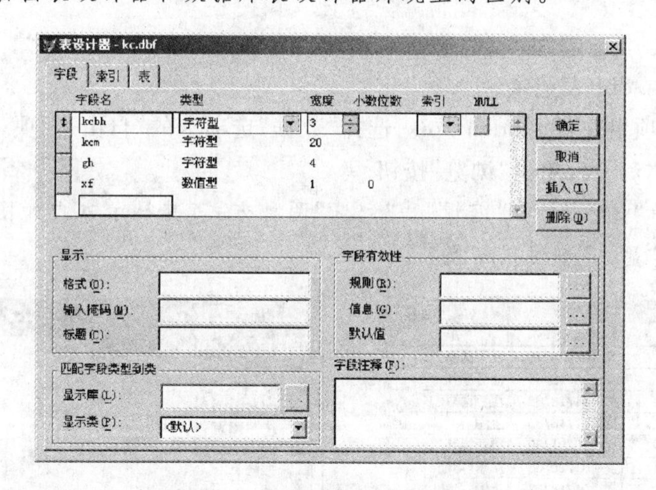

图 4-4 数据库表设计器对话框

(2) 表记录的输入

● 表结构建好后立即输入

【例 5】在[例 4]的基础上按照表 4-2 所示内容输入记录。

第 1 步:在图 4-4 中单击“确定”按钮;

第 2 步:在弹出的询问对话框中单击“是”按钮,出现记录编辑窗口,在这个全屏幕编辑状态下依次输入表 4-2 所示的各条记录;

第 3 步：全部记录输完后单击窗口右上角的“关闭”按钮，此时数据库表 kc.dbf 记录已输入完毕。

● 表结构建好后不立即输入

【例 6】为[例 3]创建的表 xs.dbf 输入如表 4－1 所示的记录。

第 1 步：打开项目文件 student.pjx，选择“数据”选项卡的“自由表”项；

第 2 步：选中“xs”表，单击“浏览”按钮；

第 3 步：单击主菜单“显示”，选择“追加方式”菜单项，在编辑窗口中依次输入表 4－1 所示的记录即可。

3. 修改表结构

【例 7】将表 xs.dbf 中 jg 字段的宽度改成 18。

第 1 步：打开项目文件 student.pjx，选择“数据”选卡的“自由表”项；

第 2 步：选中“xs”表，单击“修改”按钮；

第 3 步：在表设计器中修改字段相应的属性：将 jg 字段的宽度改成 18；

第 4 步：单击“确定”按钮，在出现的询问对话框中单击“是”按钮。

【提示】

1) 命令 Modify Structure 也可以打开表设计器修改表结构，但是必须先使表处于打开状态。

2)命令 List Structure 可以在 VFP 主窗口浏览表结构。

3)掌握对应教材中关于表结构操作的相关命令。

4. 表的浏览

(1) 窗口方式

【例 8】浏览 xs.dbf 表记录。

第 1 步：打开项目文件 student.pjx，选择“数据”选项卡的“自由表”项；

第 2 步：选中“xs”表，单击“浏览”按钮。

【提示】主菜单“显示”中有“编辑”和“浏览”两种方式，其显示方式如图 4－5 和图 4－6 所示，并且在菜单“显示”中可以切换。

Xs

Xh	Xm	Xb	Csny	Jg
1703050101	王静	女	08/20/87	江苏南京
1703050108	李婷	女	03/12/86	江苏泰州
1703050604	程宁	男	11/18/88	江苏南京
1703050606	张毅飞	男	07/18/85	上海
1703050410	钱宇	女	10/21/89	福建福州
1703050415	方蔷薇	女	01/20/86	广东广州
1703050420	赵海燕	男	01/14/87	上海
1703050501	张炜	男	12/18/85	江苏苏州
1703050513	王菲	男	09/25/86	江苏镇江
1703050530	杨成华	女	05/11/84	江苏常州

图 4－5 “浏览”方式的窗口

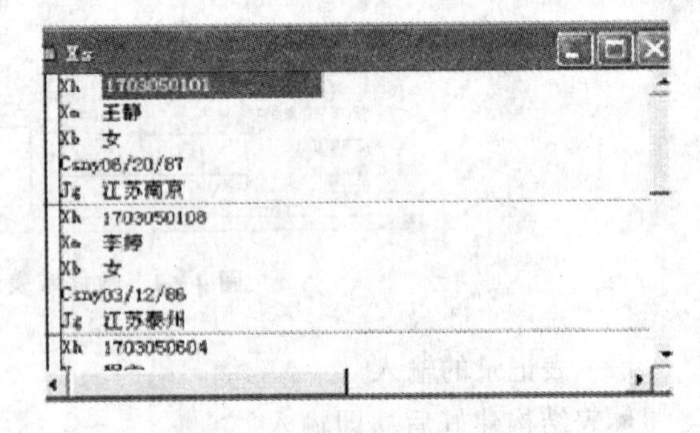

图 4－6 “编辑”方式的窗口

(2) 命令方式

方法一：Browse 命令

方法二：List 命令

方法三:Display 命令

【例 9】在命令窗口中输入以下命令,并观察命令执行后显示的信息。

```
Clea                            && 清除 VFP 主窗口中的信息
Close Tables All                && 关闭当前打开的所有表
Use xs                          && 打开表的命令
Display                         && 显示第 1 条记录
Display All                     && 显示所有记录,等价于命令"list"
Displ For xb="女"               && 显示女学生的基本情况,等价于命令 "list for xb="女""
Disp Fields xh,xm,jg For xb="女" And jg="江苏"
    && 和命令"Disp Fields xh,xm,jg for xb="女" and jg="江苏" "功能一样
    && 显示性别是女且籍贯是江苏的学生学号、姓名和籍贯字段
Browse                          && 打开浏览窗口显示表的记录内容
Use                             && 关闭当前打开的表 xs.dbf
```

【提示】

1)"use 表名"的作用是打开表,"use "的作用是关闭当前打开的表。

2) Close Tables All 命令关闭所有打开的表。

3) 打开第二张表时,若前一张表没有用"use"命令关闭,则系统自动关闭前一张表。

三、实验内容

注:设置 d:\vfp 为默认目录。

1. 参考[例 1],在项目文件 student.pjx 中创建数据库文件 sjk.dbc。

2. 按要求创建以下表文件。

(1) 新建自由表 xs.dbf,其结构和记录见表 4-1 所示。

要求:参考[例 3]和[例 6]。

(2) 新建数据库表 kc.dbf,其结构和记录见表 4-2 所示。

要求:参考[例 4]和[例 5]。

(3) 在项目文件 student.pjx 中新建自由表 js.dbf,其结构和记录见表 4-3 所示:

表 4-3 表 js.dbf

gh (C,4)	xm (C,8)	xb (C,2)	csny (D,8)	whcd (C,10)	zc (C,20)	jbgz (N,8,0)
2103	张海军	男	06/14/70	本科	讲师	1800
1609	陈燕	女	08/12/77	本科	助教	1500
0807	罗辑	男	12/10/68	硕士	副教授	2600
1765	边晓丽	女	10/15/75	博士	副教授	3000

（续表）

gh (C,4)	xm (C,8)	xb (C,2)	csny (D,8)	whcd (C,10)	zc (C,20)	jbgz (N,8,0)
2301	黄宏	男	06/18/72	硕士	讲师	2000
0768	孙向东	男	01/18/52	本科	教授	4500
1879	吴浩	男	05/01/80	硕士	助教	1800
1890	方言	女	11/19/70	博士	教授	5000
0907	曹磊	女	04/29/71	硕士	副教授	2600
0213	钱一鸣	男	02/16/68	硕士	教授	4800

3. 参照[例 7]，将学生表 xs.dbf 中 jg 字段的宽度改成 18。

4. 先将命令窗口中的命令"清除"掉，然后关闭之前打开的所有表，再按照指定要求浏览以下表文件，并将命令窗口中的命令（包括自己写的和系统自动显示的两个部分）填在以下空行中。

（1）表 xs.dbf

要求：用菜单方式打开表，以"浏览"方式查看表记录。

命令窗口的命令显示：

（2）表 js.dbf

要求：用菜单方式打开表，以"编辑"方式查看表记录。

命令窗口的命令显示：

（3）学生表 xs.dbf

要求：用命令"Use 表名"打开表，用 Display 和 List 命令分别实现下述任务。

① 显示表结构；

② 所有女学生的全部信息；

③ 所有男学生的学号、姓名、班级编号；

④ 年龄小于 20 岁的学生学号、姓名和籍贯；

⑤ 所有来自“江苏南京”的学生信息。

四、课后练习

1. 用户在创建某个表的结构时，使用了通用型字段且为表创建了索引，则在保存该表结构后，系统会在磁盘上生成________个文件。

A. 1　　B. 2　　C. 3　　D. 4

2. 关于表的备注型字段与通用型字段，以下叙述中错误的是________。

A. 字段宽度都不能由用户设定

B. 都能存储文字和图象数据

C. 字段宽度都是 4

D. 存储的内容都保存在与表文件名相同的. ftp 文件中

3. 创建数据库的命令是________。

A. Use　　B. Open

C. Use Datdabase　　D. Create Database

4. 将表的某一字段变量改名，以下命令正确的是________。

A. Modify 表名　　B. Use 表名

C. Create 表名　　D. Modify Structure

5. 打开数据表后立即使用 Display 命令，其功能是________。

A. 显示第一条记录

B. 显示全部记录

C. 显示最后一条记录

D. 显示从当前记录开始到表尾的所有记录

6. 打开数据表后立即使用 List 命令，其功能是________。

A. 显示第一条记录　　B. 显示全部记录

C. 显示最后一条记录　　D. 显示从当前记录开始到表尾的所有记录

7. 数据表中“婚否”字段为逻辑类型，年龄为数值型，显示所有 30 岁以上，未婚青年记录的命令是________。

A. List For 年龄>=30 And Not 婚否

B. Browse For 没有结婚 And 年龄大于 30 岁

C. Display For 婚否="N" And 年龄>=30

D. Llst For 婚否="Y" And Str(年龄)>=30

8. 在 VFP 系统中，后缀为“.dbf”文件被称为________。

A. 数据库文件　　B. 表文件　　C. 程序文件　　D. 项目文件

9. 在定义表结构时，以下________数据类型的字段宽度都是固定的。

A. 字符型、货币型、数值型

B. 字符型、备注型、二进制备注型

C. 数值型、货币型、整型

D. 整型、日期型、日期时间型

10. 要求一个表文件的数值型字段具有 2 位小数，那么该字段的宽度至少应当定义成________。

A. 2 位　　B. 3 位　　C. 4 位　　D. 5 位

11. 使用 BROWSE 命令可以对当前数据库记录进行多种编辑操作，包括________。

A. 修改、追加、删除、插入　　B. 修改、追加、删除、但不能插入

C. 修改、追加、插入、但不能删除　　D. 修改、删除、插入、但不能追加

12. VFP 系统中，表的结构取决于________。

A. 字段的个数、名称、类型和长度　　B. 字段的个数、名称、顺序

C. 记录的个数、顺序　　D. 记录和字段的个数、顺序

13. 用表设计器创建一张自由表时，不能实现的操作是________。

A. 设置某字段可以接收 NULL 值

B. 设置表中某字段的类型为通用型

C. 设置表的索引

D. 设置表中某字段的默认值

14. 下述命令中不能关闭数据库的是________。

A. Use　　B. Close Database

C. Clear　　D. Close All

15. VFP 中表可以分为两种表，分别是________和________。

16. 表中的一列称为字段，它规定了数据的特征。表中的一行称为________，它是多个字段的集合。每个字段都必须有一个________来标识该字段。

17. Visual FoxPro 中有多种类型文件，且有对应的缺省文件类型，其中表文件和库文件的扩展名分别是________和________。

18. 在 VFP 中，表示范围的短语 REST 的含义为________。

19. 表的每个字段有 4 个属性。字段名指定字段的名字，字段类型指定________，字段

宽度指定________，小数位数指定________。

20. Visual FoxPro 的一个表最多允许有________个字段，字段名只能包含英文字母、________、________或________。

21. 字符型字段最大宽度为________个字节，数值型字段的最大宽度为________位，日期型字段的宽度为________个字节，逻辑型字段的宽度为________个字节，备注型字段的宽度为________个字节，通用型字段的宽度为________个字节。

22. 在浏览窗口中，备注型字段显示“memo”（表示无内容）或“Menm”（表示有内容）。输入备注型字段内容时，操作步骤是：把光标移动到备注型字段后，按下________组合键或双击备注型字段。

实验5　表的基本操作

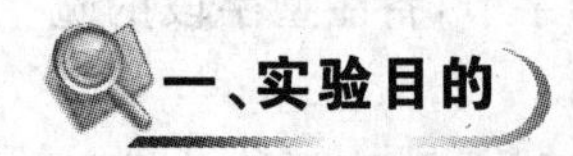

一、实验目的

1. 掌握表记录的添加、修改和删除操作。
2. 理解记录指针的概念。
3. 掌握设置记录筛选的方法。

二、实验准备

知识点

1. 追加记录

(1) ________命令可以将其他文件中的数据追加到当前表的末尾。

(2) 命令“Append Blank”的作用是________________________;命令“Copy Structure To a”的作用是________________________;命令“Copy To x”的作用是________________________。

2. 修改记录

(1) 要编辑通用型或备注型字段,则可按组合________打开编辑窗口。

(2) Replace 命令默认范围是________;表示条件过滤的子句是________;执行该命令后,记录指针位于指定范围的________。

3. 删除记录

(1) 表记录的删除分为________删除和________删除,仅作删除标记的是________删除。

(2) 删除、恢复记录可以使用________、________和________命令。

(3) Pack 和 Zap 命令都要求表以________的方式打开。

(4) Delete、Recall 命令默认范围都是________________。

(5) Recount()返回的是________________。

4. 记录的定位

(1) 一个表被打开时,系统自动生成记录________标志、记录________标记、记录________标志。

(2) 向表中输入记录时,系统按顺序自动为每个记录指定________,第一个输入的记录的记录号为________。

(3) Recno()函数的作用是________________。

(4) Bof()函数的作用是______________________,若其值为.T.,则表示__________;Eof()函数的作用是____________________,若其值为.T.,则表示__________。

(5) 表中若无记录,则打开表时,Bof()的值是________;Eof()的值是________;Recno()的值是________;表中若有记录,则打开表时,Bof()的值是________;Eof()的值是________;Recno()的值是________。

(6) 记录指针有三种定位方式,分别是________、________和________。

(7) 命令"Go Top"的作用是________;命令"Go Bottom"的作用是________;命令"Skip -2"的作用是________;命令"Skip 2"的作用是________。

5. 筛选记录

(1) 设置筛选记录和筛选字段后重新浏览表时,仅显示________的记录和字段。

(2) 命令"Set Filter To"的作用是________;命令"Set Field To"的作用是________。

分析

注:设置 d:\vfp 为默认目录。

1. 追加记录

(1) Append From 命令

【例1】将表 js. dbf 中的全部记录追加到表 jst. dbf 中。

```
Close Tables All
Use js
Copy Structure To jst          &&js 表结构复制到 jst. dbf
Use jst                        && 打开表 jst. dbf,自动关闭表 js. dbf
Append From js                 &&js. dbf 表记录追加到表 jst. dbf
List
Use
```

【提示】表 jst. dbf 此时并不会自动的包含在项目文件中,需要进行以下操作:

第1步:打开项目文件 student. pjx,选择"数据"选项卡的"自由表"项;

第2步:单击"添加"按钮,在出现的"打开"对话框选择文件 jst,单击"确定"按钮。

(2) 菜单法

【例2】在表 jst. dbf 的末尾添加如下记录:"1758 赵为民 男 07/28/78 硕士 讲师 2600"。

第1步:在项目文件"student. pjx"中选中自由表"js",单击"浏览"按钮;

第2步:单击主菜单"表",选择"追加新记录"菜单项;

第3步:在 js 表的底部出现的一组空记录中输入新记录对应的字段值即可。

2. 修改记录

(1) "浏览"窗口修改

【例3】将表 jst. dbf 中 gh 字段值是"2301"记录的 jbgz 字段值加 500。

第1步:在项目文件"student. pjx"中选中自由表"jst",单击"浏览"按钮;

第2步:找到 gh 是"2301",直接将其 jbzg 字段值 2000 修改成 2500,见图 5-1 所示;

第3步:按窗口的"关闭"按钮,修改完成。

Jst

Gh	Xm	Xb	Csny	Whcd	Zc	Jbgz
2103	张海军	男	06/14/70	本科	讲师	1800
1609	陈燕	女	08/12/77	本科	助教	1500
0807	罗辑	男	12/10/68	硕士	副教授	2600
1765	边晓丽	女	10/15/75	博士	副教授	3000
2301	黄宏	男	06/18/72	硕士	讲师	2500
0768	孙向东	男	01/18/52	本科	教授	4500
1879	吴浩	男	05/01/80	硕士	助教	1800
1890	方言	女	11/19/70	博士	教授	5000
0907	曹磊	女	04/29/71	硕士	副教授	2600
0213	钱一鸣	男	02/16/68	硕士	教授	4800
1758	赵为民	男	07/28/78	硕士	讲师	2600

图 5-1 “浏览”窗口直接修改

(2) 菜单“表”修改

【例 4】将表 jst.dbf 中所有职称(zc)是“教授”的记录,基本工资(jbgz)加 1000。

第 1 步:在项目文件“student.pjx”中选中自由表“jst”,单击“浏览”按钮;

第 2 步:单击主菜单“表”,选择“替换字段…”菜单项,出现“替换字段”对话框;

第 3 步:在该对话框中输入如图 5-2 所示的“替换的字段”和“替换条件”;

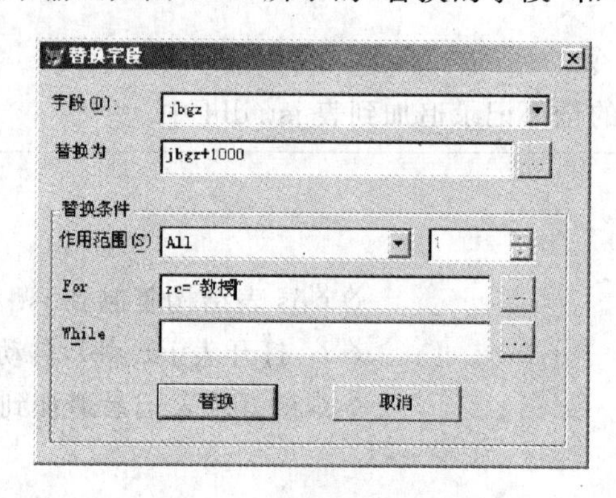

图 5-2 “替换字段”对话框

第 4 步:单击“替换”按钮,即所有职称(zc)是“教授”的记录,基本工资(jbgz)加了 1000。

【提示】可在“浏览”窗口观察替换后记录的变化。

(3) Replace 命令方式

【例 5】将表 jst.dbf 中所有职称(zc)是“教授”的记录,基本工资(jbgz)减 1000。

```
Close Tables All
Use jst
Browse                                              && 查看表中原来的记录
Replace All jbgz With jbgz-1000 For zc="教授"        && 修改记录
Browse                                              && 注意查看表中相应记录的变化
Use
```

3. 记录的删除

● 逻辑删除

(1) 界面法

【例6】删除jst.dbf中工号为“1609”和“0213”的记录。

第1步:在项目文件“student.pjx”中选中自由表“jst”,单击“浏览”按钮;

第2步:在“浏览”窗口中分别单击工号为“1609”和“0213”记录的删除标记,即左边黑色小方框,如图5-3所示;

Gh	Xm	Xb	Csny	Whcd	Zc	Jbgz
2103	张海军	男	06/14/70	本科	讲师	1800
1609	陈燕	女	08/12/77	本科	助教	1500
0807	罗辑	男	12/10/68	硕士	副教授	2800
1765	边晓丽	女	10/15/75	博士	副教授	3000
2301	黄宏	男	06/18/72	硕士	讲师	2500
0768	孙向东	男	01/18/52	本科	教授	4500
1879	吴浩	男	05/01/80	硕士	助教	1800
1890	方言	女	11/19/70	博士	教授	5000
0907	曹磊	女	04/29/71	硕士	副教授	2800
0213	钱一鸣	男	02/16/68	硕士	教授	4800
1758	赵为民	男	07/28/78	硕士	讲师	2600

图5-3 在指定删除记录前作删除标记

【提示】若要将以上带删除标记的记录恢复,则需分别单击已有的两个删除标记,即可取消删除标记。

(2) 菜单法

【例7】删除表jst.dbf性别为“女”的记录。

第1步:在项目文件“student.pjx”中选中自由表“jst”,单击“浏览”按钮;

第2步:单击主菜单“表”,选择“删除记录”菜单项,在弹出的“删除”对话框中输入如图5-4所示的信息;

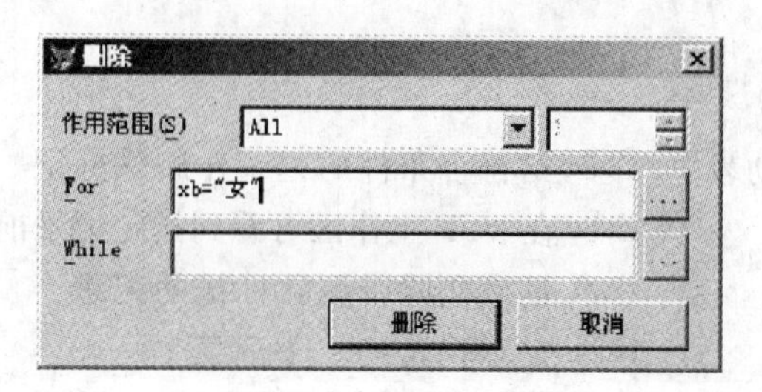

图5-4 “删除”对话框

第3步:单击“删除”按钮,此时可在“浏览”窗口观察记录状态的变化。

【提示】若要将以上带删除标记的记录恢复,可在js.dbf浏览状态下,单击主菜单“表”,选择“恢复记录”菜单项,在弹出的“恢复记录”对话框中输入如图5-5所示的信息;最后单击“恢复记录”按钮即可取消删除标记。

(3) Delete命令法

【例8】删除表xst.dbf籍贯是“江苏南京”记录(注:须先参照[例1]将xs.dbf复制到表xst.dbf中)。

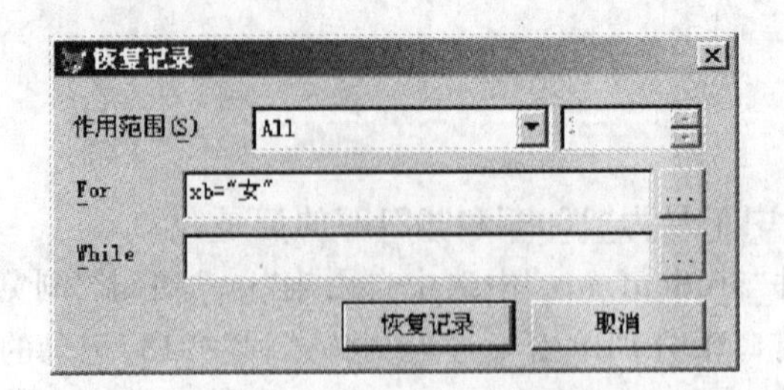

图 5-5 “恢复记录”对话框

```
Close Tables All
Use xst
Delete All For jg="江苏南京"   && 作删除标记
Browse                         && 已给所有籍贯是江苏南京的记录加了删除标记
use
```

【提示】若要将以上带删除标记的记录恢复,则可用命令 Recall 来实现。

```
Close Tables All
Use xst
Recall All
Browse                         && 前面带黑色小方格的删除标记已清除
Use
```

● 记录的物理删除

【例 9】删除表 jst.dbf 中职称是“助教”的记录。

```
Close Tables All
Use jst
Delete All For zc="助教"   && 给符合条件的记录作删除标记
List                       && 在 VFP 工作区可看到指定记录前有删除标记符号“*”
Pack                       && 彻底删除带删除标记的记录
List                       && 显示剩余的 9 条记录
Use
```

【提示】

1) 作删除标记的方法也可采用前述的“界面法”或“菜单法”。

2) 也可用菜单法进行物理删除,方法是:在表的浏览状态下,单击主菜单“表”,选择“彻底删除”菜单项,在弹出的对话框单击“是”按钮,即从磁盘上删除了带删除标记的记录。

3) 删除命令 Zap 不需要先进行逻辑删除,而是一次性物理删除表中的数据。

4. 记录指针

(1) 界面定位

【例 10】打开并浏览表 js.dbf,观察记录指针的变化。

第 1 步：在项目文件“student. pjx”中选中自由表“js”，单击“浏览”按钮；

第 2 步：单击主菜单“表”，选择“转到记录”子菜单，该子菜单下面有 6 个菜单项，如图 5-6 所示；

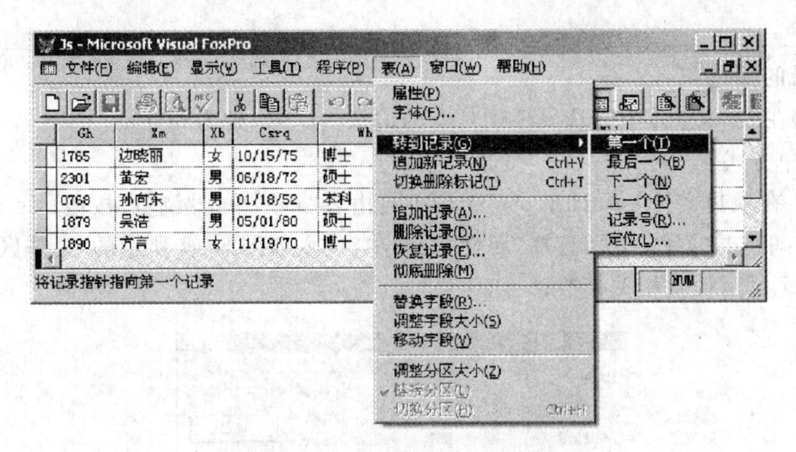

图 5-6 “转到记录”子菜单

第 3 步：选择“第一个”、“最后一个”、“下一个”、“上一个”，记录指针会自动定位到相应的记录，即当前记录的前面用黑色箭头三角表示。

【提示】

1）若选择“记录号”菜单项，则在弹出的对话框中输入记录号，单击“确定”按钮就可使得记录指针指向指定的记录；

2）若选择“定位”菜单项，则会出现“定位记录”对话框，从中依次确定“作用范围”、“For”或者“While”的操作条件即可定位记录指针。

（2）命令定位

【例 11】在命令窗口中依次输入以下命令，观察记录指针的变化。

```
Close Tables All
Use js
? Bof()                &&刚打开表时，记录指针指向第 1 条，显示.F.
? Recno()              &&显示当前记录号：1
Go 2                   &&使得记录指针指向第 2 条记录
Displ                  &&显示第 2 条记录
Skip 3                 &&记录指针指向第 5 条记录
? Recno()              &&当前记录号是 5
? Eof()                &&记录指针还没有指向结束标记，所以显示：.F.
Skip -1                &&记录指针指向第 4 条记录
? Recno()              &&当前记录号是 4
Go Bottom              &&记录指针指向最后一条记录
? Recno()              &&当前记录号是 10
? Eof()                &&最后一条记录不是记录结束标记，所以显现：.F.
```

```
List                    && 显示表的记录后,当前记录指针已指向结束标记
? Eof()                 && 显示:.T.
Use
```

5. 记录的筛选

【例 12】在表 xs.dbf 中筛选出性别是女的记录的学号、姓名和性别。

(1) 菜单方式

第 1 步:在项目文件"student.pjx"中选中自由表"xs",单击"浏览"按钮;

第 2 步:单击主菜单"表",选择"属性"菜单项,进入如图 5-7 所示的"工作区属性"对话框,按图 5-7 所示设置相关参数;

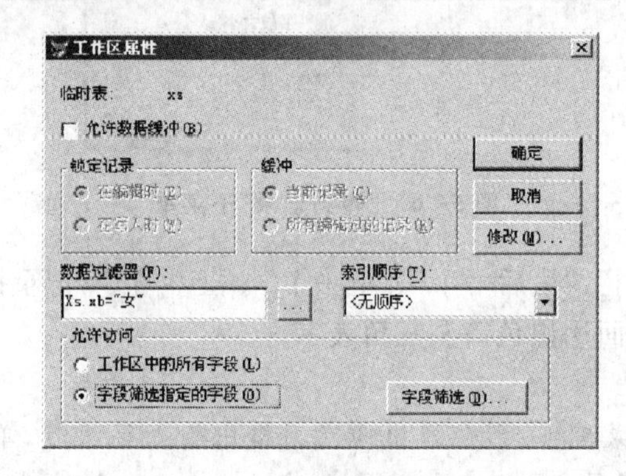

图 5-7 "工作区属性"对话框

第 3 步:单击"字段筛选..."按钮,进入如图 5-8 所示的"字段选择器"对话框,在"所有字段"框中,选择"xh"、"xm"和"xb"3 个字段,单击"添加"按钮,则将这 3 个字段移入"字段选择器"对话框,单击"确定"按钮,则关闭"字段选择器"对话框;

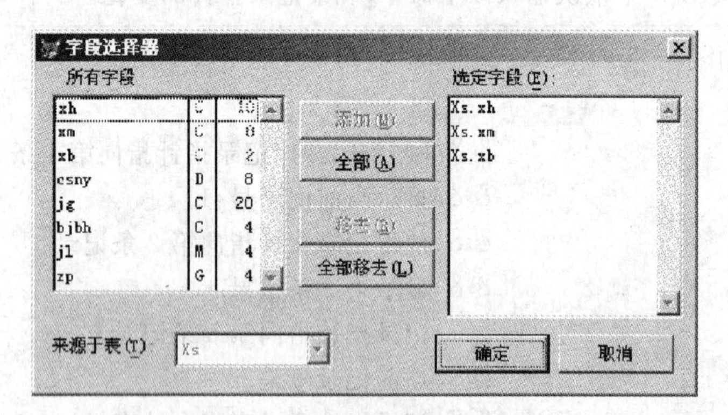

图 5-8 "字段选择器"对话框

第 4 步:在"工作区属性"对话框中单击"确定"按钮;

第 5 步:关闭当前打开的"浏览"窗口,再次单击主菜单"显示"中的"浏览"菜单项,即可在浏览窗口中显示所有性别是女的记录的学号、姓名和性别。

【提示】要恢复被过滤掉的记录,只需要按以下步骤操作即可:

第 1 步：单击主菜单“表”，选中“属性”菜单项，出现“工作区属性”对话框；

第 2 步：删除“数据过滤器”中的表达式；

第 3 步：在“允许访问”框中选择“工作区中的所有字段”；

第 4 步：单击“确定”按钮；

第 5 步：关闭当前打开的“浏览”窗口，再次单击主菜单“显示”中的“浏览”菜单项，即可浏览全部记录。

(2) Set Filter To 命令

【例 13】在学生表(xs. dbf)中筛选出性别是女的记录的学号、姓名和性别。

```
Close Tables All
Use xs
Set Filter To xb="女"                  && 设置筛选条件
Browse                                 && 浏览性别是"女"的记录
Set Fields To xh,xm,xb                 && 设置筛选记录
Browse                                 && 浏览性别是"女"的记录的学号、姓名和性别
                                       && 此时只能对这些记录进行操作
                                       && 若要恢复原来的记录，则继续以下命令
Set Fields Off                         && 取消字段限制
Set Filter To                          && 清除筛选条
Browse                                 && 浏览所有记录
Use
```

三、实验内容

注：(1) 设置 d:\vfp 为默认路径；

(2) 表 xs. dbf、kc. dbf、js. dbf 已在实验 4 中创建。

1. 对指定表按要求操作。

(1) 参考[例 1]，将 js. dbf 表中全部记录追加到表 jst. dbf 中，并按如下要求对其操作：

① 参考[例 2]，末尾添加如下记录：“1758 赵为民 男 07/28/78 硕士 讲师 2600”。

② 参考[例 3]，将表中 gh 字段的值是“2301”的记录的 jbgz 字段加 500。

③ 参考[例 4]，将表中所有职称(zc)是“教授”的记录，基本工资(jbgz)加 1000。

④ 参考[例 5]，将表中所有职称(zc)是“教授”的记录，基本工资(jbgz)减 1000。

⑤ 参考[例 6]，删除表中工号为“1609”和“0213”的记录并恢复。

⑥ 参考[例 7]，删除表中性别为女的记录并恢复。

⑦ 参考[例 9]，彻底删除 jst. dbf 表中职称是“助教”的记录。

(2) 对表 xs. dbf，按如下要求操作：

① 参照教材[例 3.5]，将表 xs. dbf 复制到 xst. dbf 中，成为项目 student. pjx 的自由表。

② 参考[例 8]，删除 xst. dbf 表中籍贯是江苏南京的记录并恢复。

2. 将[例 11]中的命令上机练习，注意观察记录指针的变化及 VFP 工作区的信息。

3. 以下命令的作用是查找 xs.dbf 中所有姓张的学生的记录,上机调试并完善以下语句的功能。

【提示】Locate 命令的作用请参考教材表 3-13。

```
Use xs
List                    && 功能是________
Locate For xm="张"      && 将记录指针定位到姓张的第一条记录
Displa                  && 查看第________条记录
Continue                && 继续向下查找并定位第二条姓张的记录
Displa                  &  查看第________条记录
Ontinue                 && 继续向下查找并定位第三条姓张的记录
? Eof()                 && 返回________
Use
```

4. 对 jst.dbf 表按以下要求操作并保存。

(1) 用 Replace 命令实现:将所有学历为硕士的副教授教师基本工资(jbgz)加 500;

(2) 彻底删除表中最后两条记录,并将命令写在表 5-1 所示的横线上。

5. 对 js.dbf 表筛选出职称是教授的且性别是女的教师工号、性别和职称,并将命令写在表 5-2 所示的横线上。

表 5-1

____
____
____
____
____
____
____

表 5-2

____
____
____
____
____
____
____

四、课后练习

1. 若要将当前工作区中打开的表文件 gzb.dbf 复制到 gzb1.dbf 文件,则可以使用命令________。

A. Copy gzb.dbf gzb1.dbf　　B. Copy To gzb1 rest

C. Copy To gzb1 stru　　D. Copy To gzb1

2. 在主菜单"显示"下拉菜单中,单击"追加方式"选项,则将在当前表________。

A. 中间追加一条空记录　　B. 尾部增加一条空记录

C. 中间进行追加状态　　D. 上面弹出追加对话框

3. 不能对记录进行编辑修改的命令是________。

A. Modify Struc　B. Change　C. Browse　D. Edit

4. 要在当前记录之后插入一条记录,应该使用命令________。

A. Append　B. Edit　C. Change　D. Insert

5. 设当前表中 csrq(出生日期)为日期型字段,nl(年龄)为数值型字段,现根据出生日期来计算年龄,以下用法中正确的是________。

A. Replace All nl With Year(Date())－Year(csrq)

B. Replace All nl With Date()－csrq

C. Replace All nl With Dtoc(Date())－Dtoc(csrq)

D. Replace All nl With Val(Dtoc(Date()))－Val(csrq)

6. 要为当前打开的表中所有记录的 nl 字段加 1,则下列用法中正确的是________。

A. Edit nl With nl＋1　B. Replace nl With nl＋1

C. Replace All nl＝nl＋1　D. Replace All nl With nl＋1

7. 彻底删除记录数据可以分两步来实现,这两步是________。

A. Pack 和 Zap　B. Pack 和 Recall

C. Delete 和 Pack　D. Dele 和 Recall

8. delete 命令的作用是________。

A. 为当前记录作删除标记　B. 直接删除当前记录

C. 删除当前表中的所有记录　D. 在提问确认后物理删除当前记录

9. 如 JS. DBF 表中有两条记录,下列操作返回值一定是 .T. 的是________。

A.
```
Use js
? Bof()
```

B.
```
Use js
Go 2
Skip -1
? Bof()
```

C.
```
Use js
Go Bottom
Skip
? Eof()
```

D.
```
Use js
Skip -1
? Eof()
```

10. 表(XS. dbf)中含有 100 条记录,执行下列命令后显示的记录序号是________。

```
Use xs
Go 10
List Next 4
```

A. 10,11,12,13　B. 11,12,13,14

C. 4,5,6,7　D. 1,2,3,4

11. 打开一张表后,执行下列命令后,关于记录指针的位置说法正确的是________。

```
Go 6
Skip -5
Go 5
```

A. 记录指针停在当前记录不动　　B. 记录指针的位置取决于记录的个数

C. 记录指针指向第 5 条记录　　D. 记录指针指向第一条记录

12. 若表中的记录暂时不想使用，为提高表的使用效率，则应对该表的记录进行________。

A. 逻辑删除　　B. 物理删除　　C. 彻底删除　　D. 筛选

13. 对 xsb.dbf 表进行删除操作，下列四组命令中功能等价的是________。

(1) Delete All

(2) Delete All
Pack

(3) Zap

(4) 把 xsb.dbf 文件拖放到回收站中

A. (1)、(2)、(3)　　B. (3)、(4)　　C. (2)、(3)　　D. (2)、(3)、(4)

14. 如果要物理删除带有删除标志的记录，可使用命令________，但在该命令的执行前，必须将表以________方式打开。

实验 6　索引与数据库表的扩展属性

一、实验目的

1. 掌握索引的概念及索引的使用方法。
2. 掌握数据库表的数据扩展属性的设置方法。
3. 掌握工作区的概念及索引的使用方法。
4. 掌握数据库表与自由表转换。

二、实验准备

知识点

1. 索引

(1) 记录的顺序有________顺序和________顺序；索引仅改变表中记录的________顺序，而不改变记录的________顺序。

(2) VFP 支持索引文件类型有________索引文件、________索引文件和________索引文件，通过表设计器建立索引文件属于________索引文件；________索引文件将自动地与表同步打开。

(3) VFP 系统提供的 4 种类型的索引，分别是________、________、普通索引和惟一索引，其中不允许表中有重复值记录的两种索引分别是________和________。

(4) ________索引只能在数据库表中建立，而且只能在________中建立，一个数据库中只能有________个主索引。

(5) ________型字段和________型字段不能建立索引。

(6) 字符型表达式中的各个字段的前后顺序________(会/不会)影响索引结果，不同类型字段构成一个表达式时，必须要进行数据类型的________。

2. 数据库表的高级属性

(1) 字段扩展属性可以在表设计器的________选项卡；字段有效性规则是一个包含当前字段名的________型表达式，当所输入的字段值不满足所定义的规则(即表达式值为________)时，则拒绝该值并显示设置的“提示信息”。

(2) 表属性可以在表设计器的________选项卡中设置，包括长表名、表注释、记录有效性规则和________。一个表最多只能有 3 个触发器：________触发器、________触发器和________触发器，返回值为________时相应操作才允许继续进行。

3. 工作区

(1) 前 10 个工作区也可以用字母________表示；一个工作区只能打开________个表，如果在一个工作区已经打开了一个表，则在此工作区打开另一个表时，前一个表被自动________。

(2) 启动 VFP 后,系统默认当前工作区为________;用________命令选择当前工作区。

(3) 表必须________才能使用,刚刚新建的表自动处于________状态;每个表打开后都有两个默认别名:一个是表名,另一个是________名。

(4) 表的打开方式有________或________;分别用子句________或________子句来表示;默认以________方式打开,也可用________命令来设置。

4. 数据库表与自由表转换

(1) 将自由表添加到某一个数据库,它就成了该________表,拥有数据库表的所有特性,但一个表最多只能属于________个数据库。

(2) 将数据库表从所属数据库中移出后,它就成了________表,原数据库表的高级属性、表间的联系等也同时被________。

分析

注:设置 d:\vfp 为默认目录。

1. 表的索引

● 单索引文件

(1) 单索引文件的建立

Index On <索引表达式> To <单索引文件名>

【例 1】以实验 5 创建的表 xst.dbf 的 xh 为关键字,建立单索引文件 xhidx。

```
Close Tables All
Use xst
List                    && 查看原表中的记录
Index On xh To xhidx    && 以 xh 为关键字,建立单索引文件 xhidx.idx
List                    && 查看索引文件中的记录,已按 xh 升序排列
Use
```

【提示】一个表可建立多个索引文件,但是任何时候只有一个索引文件能起作用,称之为主控索引文件。

(2) 单索引文件的使用

【例 2】浏览[例 1]建的独立索引文件 xhidx.idx。

方法一:用命令"Set Index To <索引文件名>"来设置主控索引文件。

```
Close Tables All
Use xst
List                    && 查看 xst.dbf 表中的记录
Set Index To xhidx      && 设置 xhidx.idx 为主控索引文件
list                    && 查看 xhidx.idx 文件索引后的记录
Use                     && 关闭表,索引文件 xhidx.idx 也关闭
```

方法二:用命令"Use <表文件名> Index <索引文件名>"来实现。

```
Close Tables All
Use xst Index xhidx          && 打开表,也同时指定 xhidx.idx 为主控索引文件
List                         && 查看 xhidx.idx 索引后的记录
Use                          && 关闭表,索引文件 xhidx.idx 也关闭
```

(3) 单索引文件的删除

【例 3】删除[例 1]建立的单索引文件 xhidx.idx。

Delete File xhidx.idx

【提示】可以在 d:\VFP 目录下观察文件的变化情况。

● 结构复合索引文件

(1) 结构复合索引文件的建立

方法一:利用表设计器。

【例 4】为 kc.dbf 表建如表 6-1 所示的索引。

表 6-1 为表 kc.dbf 建立索引

排序	索引名	类型	表达式
升序	kcbh	主索引	kcbh
升序	gh	普通索引	gh

第 1 步:在项目文件“student.pjx”中选中数据库表“kc”,单击“修改”按钮,弹出“表设计器”对话框;

第 2 步:单击“索引”选项卡,为 kcbh 建立主索引,索引名为 kcbh;为 gh 建立普通索引,索引名为 gh;如图 6-1 所示;

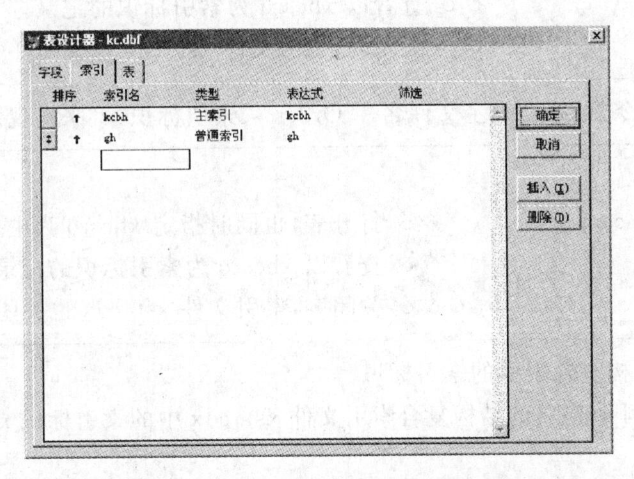

图 6-1 为 kc.dbf 表创建的结构复合索引

第 3 步:单击“确定”按钮,在出现的询问对话框,单击“是”按钮。

【提示】主索引只能在数据库表中建立。

方法二:利用 Index 命令。

【例 5】为表 xst.dbf 创建结构复合索引文件，以 xhcsrq 为索引标识，先根据 xh 排序，若相同则再按照 csrq 排序，索引类型为普通索引。

```
Close Tables All
Use xst
Index On xh+Dtoc(csny,1) Tag xhcsrq     && 按要求建立结构复合索引 xhcsrq
List                                    && 先按 xh 排序，若相同则再按 csrq 排序
Use
```

【提示】

1) index 命令创建的结构复合索引文件类型默认为普通索引。

2) 索引表达式若由不同类型字段构成，则必须转换成同一数据类型；且使用 dtoc()函数时它的参数“1”一般不可缺少。

3) 可打开 xst.dbf 表设计器查看“索引”选项卡，以检查上述结构复合索引文件是否已建立。

(2) 使用结构复合索引

【例 6】浏览[例 5]创建的索引标识为 xhcsrq 的结构复合索引。

方法一：用命令“Set Order To <索引标识>”来设置主控索引文件。

```
Close Tables All
Use xst                    && 结构索引文件 xst.cdx 随着表 xst 的打开而自动打开
List                       && 查看 xst.dbf 表
Set Order To xhcsrq        && 设置 xhcsrq 为主控标识
list                       && 查看以 xhcsrq 为索引标识的记录
Use                        && 关闭表，索引文件 xst.cdx 也关闭
```

方法二：用命令“Use <表主文件名> Order <索引标识>”来实现。

```
Close Tables All
Use xs Order xhcsrq        && 打开表，也同时指定 xhcsrq 为主控索引
list                       && 查看以 xhcsrq 为索引标识的记录
Use                        && 关闭表，索引文件 xst.cdx 也关闭
```

(3) 另删除结构复合索引的索引标识。

【例 7】删除[例 5]建立的结构复合索引文件 xst.cdx 中的索引标识 xhcsrq。

```
Close Tables All
Use xs                     && 结构索引文件 xst.cdx 随着表 xs 的打开自动打开
Delete Tag xhcsrq          && 删除索引标识
Use                        && 关闭表，索引文件 xst.cdx 也关闭
```

【提示】Delete Tag All 用于删除当前打开表的所有结构复合索引，对应的索引文件也

一并被删除,读者可以在默认路径下观察文件的变化情况。

2. 数据库表的扩展属性

【例 8】为表 xs. dbf 设置相关属性。

(1) 启动数据字典

第 1 步:将表 xs. dbf 添加为数据库表,方法是:在项目文件 student. pjx 中单击数据库 sjk,单击“添加”按钮,在弹出的“打开”对话框中选择“xs”,单击“确定”按钮,此时 xs. dbf 已从自由表变成数据库表;

第 2 步:打开 xs. dbf 的“表设计器”对话框。

(2) 为 xs. dbf 建如表 6-2 所示的字段属性

表 6-2　“字段”选项卡设置扩展属性

字段名	xh	xm	xb	csny	jg
标题	学号	姓名	性别	出生年月	籍贯
输入掩码	9999999999				
默认值			"男"		
字段验证规则	Len(Trim(xh))=10		xb='男' or xb='女'		
字段验证信息	"学号应该是 10 位!"		"应为男或女"		
字段注释	主索引				

第 1 步:在表设计器对话框中单击“字段”选项卡;

第 2 步:选中“xh”字段;

① “输入掩码”中输入:9999999999,表示允许用户输入 10 位数字;

② “标题”中输入:学号;

③ “有效性规则"中输入:Len(Trim(xh))=10,“信息”中输入:"学号应该是 10 位!",表示检验用户输入的数字字符是否是 10 位数字,若不是,则出现上述提示信息。

④ “字段注释”中输入:主索引;

第 3 步:选中“xm”字段;

“标题”中输入:姓名

第 4 步:选中“xb”字段;

① “标题”中输入:性别;

② “有效性规则”中输入:xb="男" or xb="女",“信息”中输入:"应为男或女";

③ “字段注释”中输入:普通索引。

第 5 步:同样的方法为字段 csny 和 jg 设置标题。

(3) 为 xs. dbf 建立主索引:以 xh 为索引名,以 xh 为索引表达式。

第 1 步:单击“索引”选项卡;

第 2 步:为 xh 建立主索引,索引名为 xh。

(4) 为 xs. dbf 设置如下的表属性。

删除触发器	表注释
Empty(xh)	学生表基本情况

第 1 步：单击“表”选项卡；

第 2 步：在“表注释”中输入：学生表基本情况；

第 3 步：在“删除触发器”中输入：Empty(xh)。

单击“确定”按钮，出现如图 6-2 所示的对话框，单击“是”按钮。

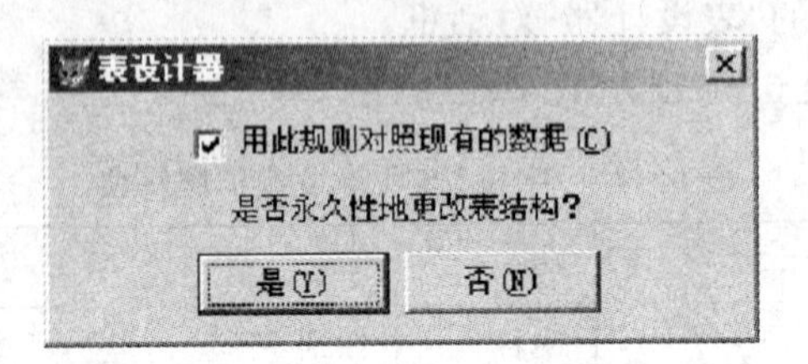

图 6-2 “确认”对话框

【提示】对于已有的表，需要确定表中已有数据是否满足设置的验证规则，若不满足，则在图 6-2 的对话框中取消选择“用此规则对照现有的数据”复选框。

3. 多表操作

【例 9】观察下列命令执行的情况。

```
Close Tables All
Select 2                   && 指定在 2 号工作区
Use xs
List                       && 浏览 xs 表
Use js In 0                &&1 号工作区未打开过，选定的工作区就是 1 号工作区
? Select()                 && 显示当前工作区号：2
List                       && 浏览当前工作区中打开的表 xs
Select js                  && 当前工作区回到 js 表所在的工作区，即 1 号
? Select()                 && 显示当前工作区号：1
List                       && 浏览当前工作区中打开的表 js
Close Tables All
```

【分析】“Use js In 0”执行后不能改变当前工作区号：2 号；函数“Select()”返回当前工作区号。

三、实验内容

注：(1) 设置 d:\vfp 为默认目录；

(2) 表 xs.dbf、js.dbf、kc.dbf 已在实验 4 中创建，表 xst.dbf、jst.dbf 已在实验 5 中创建。

1. 按要求创建和使用索引

(1) 表 xst. dbf,具体要求为:

① 参考[例 1],以 xh 为关键字,建立单索引文件 xhidx。

② 参考[例 2]和[例 3],对单索引文件 xhidx 进行相关操作。

③ 参考[例 5],以 xhcsrq 为索引标识,先根据 xh 排序,若相同则再按照 csrq 排序,索引类型为普通索引,创建结构复合索引。

④ 参考[例 6]和[例 7],对以索引标识为 xhcsrq 的结构复合索引文件进行相关操作。

2. 参考[例 8]为表 xs. dbf 设置相关属性。

3. 对表 js. dbf 按以下要求进行操作。

(1) 将自由表 js. dbf 添加到数据库中;

(2) 按表 6-3 所示设置字段属性;

表 6-3 "字段"选项卡设置扩展属性

字段名	gh	xm	xb	csny	whcd	zc	jbgz
标题	工号	姓名	性别	出生年月	文化程度	职称	基本工资
输入掩码	9999						
默认值			"男"				
字段验证规则	Len(Trim(gh))=4		xb='男' or xb='女'				
字段验证信息	"工号应该是 4 位!"		"应为男或女"				
字段注释	主索引						

(3) 以 gh 为索引名,以 gh 为索引表达式,建立主索引;

(4) 按如下要求设置表属性:

删除触发器	表注释
empty(gh)	教师基本情况表

4. 对表 kc. dbf 按以下要求进行操作。

(1) 按表 6-4 所示设置字段属性;

表 6-4 "字段"选项卡设置扩展属性

字段名	kcbh	kcm	gh	xf
标题	课程编号	课程名	工号	学分
输入掩码	999		9999	
字段验证规则	Len(Trim(kcbh))=3		Len(Trim(gh))=4	
字段验证信息	"课程编号应该是 3 位!"		"工号应该是 4 位!"	
字段注释	主索引			

(2) 参考[例 4],为表创建索引;

(3) 按如下要求设置表属性：

删除触发器	表注释
empty(kcbh)	课程表

5. 按表 6-5 所示创建数据库表 cj.dbf,并按以下要求操作。

表 6-5 cj.dbf

xh (C,10)	kcbh (C,3)	cj (N,3,0)
1703050101	101	78
1703050101	123	56
1703050108	123	87
1703050606	124	60
1703050606	101	72
1703050410	101	81
1703050410	123	32
1703050420	124	50
1703050420	101	88
1703050420	124	26

(1) 按表 6-6 所示设置字段属性；

表 6-6 “字段”选项卡设置扩展属性

字段名	xh	kcbh	cj
标题	学号	课程编号	成绩
输入掩码	9999999999	999	
字段验证规则	Len(Trim(xh))=10	Len(Trim(kcbh))=3	
字段验证信息	"学号应该是 10 位!"	"课程应该是 3 位!"	
字段注释	普通索引	普通索引	

(2) 按如下要求为表创建索引：

排序	索引名	类型	表达式
升序	xh	普通索引	xh
升序	kcbh	普通索引	kcbh

(3) 按如下要求设置表属性：

删除触发器	表注释
empty(xh)	成绩表

6. 观察下列命令执行的情况：

```
Close All
Select 1
Use xs
Go Top
Display                  && 显示记录号为________的一条记录
Skip -1
? Bof(),Eof()            && 显示为：________
List                     && 显示________(当前指针所指向的一条/所有)记录
? Bof(),Eof()            && 显示为：________
Select 4
Use js
? Bof()                  && 显示为：________
Use bj In 0              && 作用：________,当前工作区是________号
Displ                    && 显示记录号为________的一条记录
Skip -1
? Select()               && 显示：________
Select 2                 && 2 号工作区中打开的表是________
? Recno()                && 显示：________
________                 && 使得当前工作区为 xs 表所在的工作区
Disp ________            && 显示 xs 表的所有记录
List ________            && 显示 xs 表记录号为 5 的记录
Go 2
Disp                     && 显示记录号为 2 开始的所有记录
________                 && 关闭打开的所有表
```

四、课后练习

1. 在 VFP 中，结构复合索引文件的特点是________。

   A. 随表的打开而自动打开

   B. 在同一索引文件中能包含多个索引方案或索引关键字

   C. 在添加、更改或删除记录时自动维护索引

   D. 以上各项均正确

2. 在 VFP 中，对索引快速定位的命令是________。

   A. Locate For　　B. Found　　C. Seek　　D. Goto

3. 在 VFP 中，删除索引的命令是________。

   A. Delete Tag　　B. Pack Tag

   C. Zap Tag　　D. Clear Tag

4. 下列叙述中含有错误的是________。

A. 惟一索引不允许索引表达式有重复值

B. 一个数据库表只能设置一个主索引

C. 候选索引既可以用于数据库表也可以用于自由表

D. 候选索引不允许索引表达式有重复值

5. 在下列有关表索引的叙述中,错误的是________。

A. 数据库表可以有结构复合索引,但自由表不可以

B. 结构复合索引文件随着表的打开而自动打开

C. 数据库表可以创建主索引,但自由表不可以

D. 一个数据库可以有多个候选索引,但只能有一个主索引

6. 如果一个数据库表的 Delete 触发器设置为.F.,则不允许对该表作________操作。

A. 修改记录　　B. 删除记录

C. 增加记录　　D. 显示记录

7. 数据库表移出数据库后,变成自由表,该表的________仍然有效。

A. 字段的有效性规则　　B. 字段的默认值

C. 表的长表名　　D. 结构复合索引文件中的候选索引

8. 在 Visual FoxPro 中,可以对字段设置默认值的表________。

A. 必须是数据库表　　B. 必须是自由表

C. 自由表或数据库表　　D. 不能设置字段的默认值

9. 在数据库表的字段扩展属性中,可以通过对________的设置来限制字段的内容仅为英文字母和汉字。

A. 字段格式　　B. 字段级规则

C. 字段标题和注释　　D. 输入掩码

10. 如果一个数据库表的 Update 触发器设置为.F.,则不允许对该表作________。

A. 修改记录　　B. 删除记录

C. 插入记录　　D. 显示记录

11. 字段的默认值是保存在________。

A. 表的索引文件中　　B. 数据库文件中

C. 项目文件中　　D. 表文件中

12. 当执行命令 Use teacher Alias js In B 后,被打开的表的别名是________。

A. teacher　　B. js　　C. B　　D. js_B

13. 索引文件中的标识名最多由________个字母、数字或下划线组成。

A. 5　　B. 6　　C. 8　　D. 10

14. 创建索引时必须定义索引名。定义索引名时,下列叙述中不正确的是________。

A. 索引名只能包含字母、汉字、数字符号和下划线

B. 组成索引名的长度不受限制

C. 索引名可以与字段名同名

D. 索引名的第一个字符不可以为数字符号

15. 用 Seek 命令查找后,如果一个表中有两条满足条件的记录,则记录指针指向第一

条满足条件的记录，如果再执行一次 Seek 命令，则记录指针指向第________条满足条件的记录。

16. 记录在表文件中顺序称为________________。

17. 不能用________和通用型字段构造索引表达式创建索引。

18. 在一个学生档案表中，要实现多字段排序：先按班级(bj,N,1)顺序排序，同班的同学再按出生日期(csrq,D)顺序排序，则其索引表达式应为______________________。

19. VFP6.0 中的索引类型有________、________、________、________四种类型。

20. 对数据库表添加新记录时，系统自动的为某一个字段给定一个初始值，这个值称为该字段的________________________。

21. 执行下列命令后，js 表的打开方式是________，xs 表的打开方式是________。

```
Set Exclusive Off
Use js
Use xs Exclusive In 0
```

22. 执行下列命令后，函数 Used("js")的值是________，函数 Select()的值是________，函数 ALIAS()的值是________。

```
Close Tables All
Select 0
Use xs Alias Stu
Use js In 0
```

23. 下列程序段中的后三条命令，可用一条功能等价的命令来实现，这条命令是________。

```
Set Talk Off
Select 1
Use xs
Select 0
Use cj
Select xs
```

24. 为了选用一个未被使用的编号最小的工作区，可使用命令________。

实验7 数据库表的永久联系和参照完整性

一、实验目的

1. 理解表间的联系和参照完整性的概念。
2. 掌握数据库表间联系的创建方法。
3. 掌握参照完整性规则的设置方法。

二、实验准备

知识点

1. 数据库表间的联系

(1) 数据库表间的联系________(永久/临时)联系，用 Set Relation To 命令创建的联系称为________(永久/临时)联系。

(2) 建立表间联系的步骤是：确定具有联系的表→建立________→建立表间的联系→清理数据库→设置________→检验参照完整性。

(3) 永久性联系被作为________的一部分保存起来，不仅运行时存在，而且关闭表后也一直被保留；而表间的临时联系，若表被关闭后，这种临时关系自动________。

(4) 在一对一或一对多联系中，"一方"(主表或父表)必须用________索引或________候选，"多方"(子表)可以使用________索引。

(5) 临时关系可以在________表之间、库表之间或自由表与库表之间建立，而永久关系只能在________之间建立。

2. 参照完整性

(1) 参照完整性与表间的________联系有关，是用来控制数据完整性的。

(2) 设置参照完整性之前，必须要________数据库，即关闭所有相关的表，物理删除表中被逻辑删除的记录。

(3) "更新规则"可取值为"级联"、________或"忽略"；"删除规则"可取值为________、________或"忽略"；"插入规则" 可取值为________或________。

分析

注：设置 d:\vfp 为当前默认目录。

1. 数据库表的索引类型

【例 1】观察数据库 sjk 中各个表及其索引(实验 6 已为 xs.dbf、js.dbf、kc.dbf 和 cj.dbf 建立相关的索引)。

第 1 步：打开项目文件 student.pjx，单击"数据"选项卡，选择"sjk"数据库，单击"修改"，

即出现 sjk 数据库设计器,如图 7－1 所示;

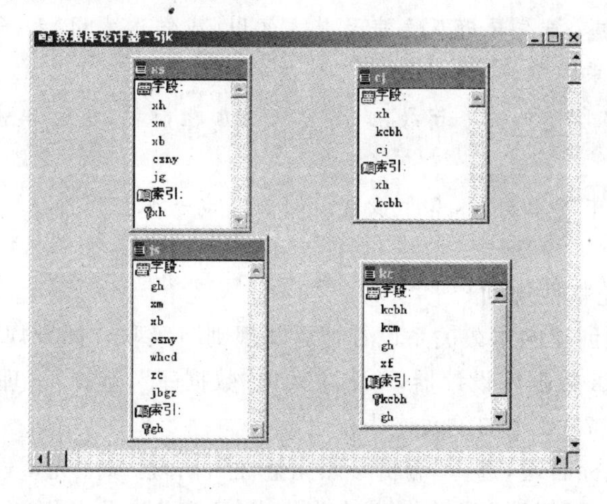

图 7－1 sjk 数据库设计器

第 2 步:观察设计器中有 4 张已建好的表,并且注意它们的索引标识。

【提示】

1) 用户可以根据整体设计来调整各个表的位置。

2) 注意主索引和普通索引标识的不同。

2. 建立永久关系(也称为永久联系)

【例 2】为数据库 sjk 中的两个表(xs. dbf 和 cj. dbf)建立一对多的关系。

第 1 步:打开数据库 sjk 的数据库设计器;

第 2 步:确定主表 xs. dbf 已建主索引 xh;

第 3 步:确定子表 cj. dbf 已建普通索引 xh;

第 4 步:单击主菜单“数据库”,选择“清理数据库”;

第 5 步:单击主表 xs. dbf 中的主索引名“xh”,按住鼠标左键一直拖到子表 cj. dbf 对应的索引名“xh”处,释放鼠标左键,则两个表之间出现了如图 7－2 所示的关系连线,即标识永久关系。

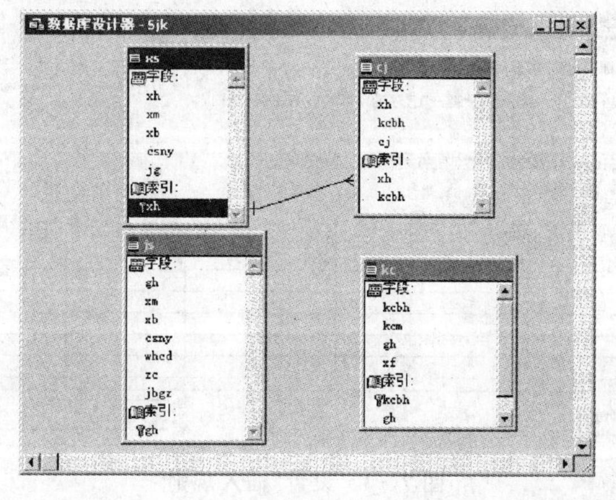

图 7－2 xs. dbf 和 cj. dbf 之间的永久关系

【提示】

1）建立关系之前，首先要确认主表及其主索引（或候选索引）和子表及其普通索引。

2）删除永久关系的方法：

① 单击图 7－2 所示的关系连线，此时关系线加粗显示，然后单击键盘上的“Delete”键即可；

② 删除两张表中的索引时，基于该索引的关系也一并被删除。

3. 参照完整性

（1）设置参照完整性规则

【例 3】为［例 2］创建的永久关系设置：“更新规则”：级联，“插入规则”：限制。

第 1 步：打开 sjk 数据库设计器，单击主菜单“数据库”，选择“清理数据库”菜单项；

第 2 步：单击图 7－2 中的关系连线；

第 3 步：单击鼠标右键，选择“编辑参照完整性”，出现“参照完整性生成器”对话框；

第 4 步：单击“更新规则”选项卡，单击表格中“更新”单元格，在出现的下拉列表中选择“级联”，如图 7－3 所示；

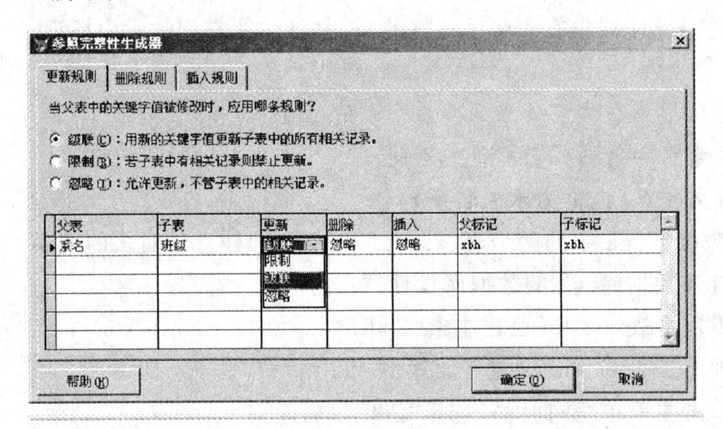

图 7－3 设置“更新规则”

第 5 步：单击“插入规则”选项卡，选中“限制”前面的单选按钮，如图 7－4 所示；

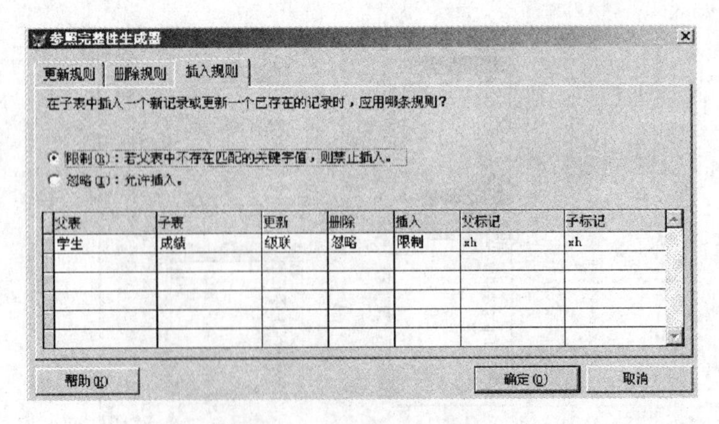

图 7－4 设置“插入规则”

第 6 步：单击“确定”按钮，在随后出现的对话框中均单击“是”按钮。

【提示】此时可以观察到关系线以粗体显示。

(2) 参照完整性规则检验

【例 4】检验[例 3]建立的参照完整性。

(1)“更新规则”检验

第 1 步：先在“浏览”窗口中观察 xs.dbf 和 cj.dbf 中的记录，如图 7-5 和图 7-6 所示；

Xs

学号	姓名	性别	出生年月	籍贯
1703050101	王静	女	06/20/87	江苏南京
1703050108	李婷	女	03/12/86	江苏泰州
1703050604	程宁	男	11/18/88	江苏南京
1703050606	张毅飞	男	07/18/85	上海
1703050410	钱宇	女	10/21/89	福建福州
1703050415	方蔷薇	女	01/20/86	广东广州
1703050420	赵海燕	男	01/14/87	上海
1703050501	张炜	男	12/18/85	江苏苏州
1703050513	王菲	男	09/25/86	江苏镇江
1703050530	杨成华	女	05/11/84	江苏常州

图 7-5　修改之前的 xs.dbf

Cj

学号	课程编号	成绩
1703050101	101	78
1703050101	123	56
1703050108	123	87
1703050606	124	60
1703050606	101	72
1703050410	101	81
1703050410	123	32
1703050420	124	50
1703050420	101	88
1703050420	124	26

图 7-6　修改之前的 cj.dbf

第 2 步：在命令窗口中输入：

```
Close Ttables All
Use xs
Replace xh With "1234567890" For xh="1703050101"
```

第 3 步：再次分别浏览打开 xs.dbf 和 cj.dbf 表，如图 7-7 和图 7-8 所示。可以发现 cj 表的 xh 字段以随着 xs 表 xh 的修改而自动修改。

【提示】根据该例，用户可以自己设计内容以验证参照完整性规则。

(2)“插入规则”检验

学号	姓名	性别	出生年月	籍贯
1234567890	王静	女	06/20/87	江苏南京
1703050108	李婷	女	03/12/86	江苏泰州
1703050604	程宁	男	11/18/88	江苏南京
1703050606	张毅飞	男	07/18/85	上海
1703050410	钱宇	女	10/21/89	福建福州
1703050415	方蔷薇	女	01/20/86	广东广州
1703050420	赵海燕	男	01/14/87	上海
1703050501	张炜	男	12/18/85	江苏苏州
1703050513	王菲	男	09/25/86	江苏镇江
1703050530	杨成华	女	05/11/84	江苏常州

图 7-7　修改之后的 xs. dbf

学号	课程编号	成绩
1234567890	101	78
1234567890	123	56
1703050108	123	87
1703050606	124	60
1703050606	101	72
1703050410	101	81
1703050410	123	32
1703050420	124	50
1703050420	101	88
1703050420	124	26

图 7-8　修改之后的 cj. dbf

第 1 步：在命令窗口中输入：

```
Close Tables All
Use cj
Append
```

第 2 步：在弹出的“编辑”窗口中输入“666666666，123，85”，表示在表尾插入一条记录；

第 3 步：单击“编辑”窗口的关闭按钮，则出现如图 7-9 所示的提示框。

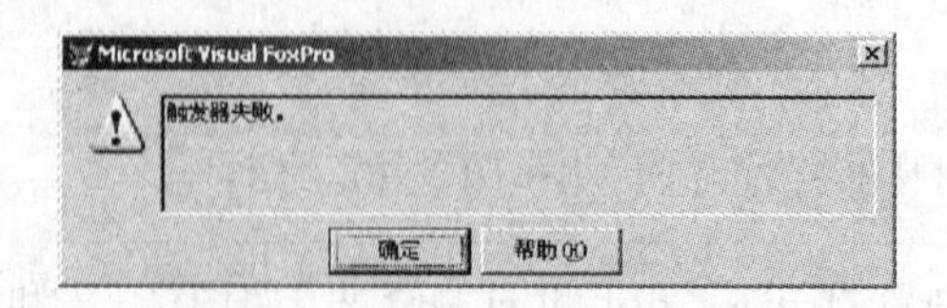

图 7-9　“触发器失败”提示框

【分析】出现该提示框的原因是：xs. dbf 和 cj. dbf 已设置“插入规则”——限制，且子表

cj. dbf 新追加记录的学号“666666666”在主表 xs. dbf 中不存在，所以触发了上述规则，即 cj. dbf 不允许插入该记录。

【提示】主表 xs. dbf 表中插入记录时不受该规则限制。

三、实验内容

注：(1) 设置 d:\vfp 为默认路径；

(2) 相关表已在前面实验中创建。

1. 参照[例 1]，查看数据库 sjk 中表的基本情况。

2. 建立永久关系。

要求：根据[例 2]介绍的方法，在数据库 sjk 中构建如图 7－10 所示的永久关系。

提示：图 7－10 中“学生”表即为前面实验中创建的 xs. dbf，“成绩”表为 cj. dbf，“教师”表为 js. dbf，“课程”表为 kc. dbf。

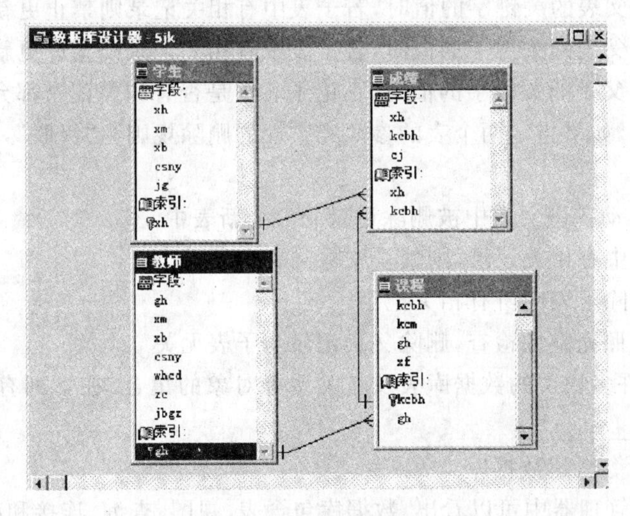

图 7－10　各表之间的永久关系

3. 设置参照完整性规则

(1) 参照[例 3]，为 xs. dbf 和 cj. dbf 设置完整性规则。

(2) 为 kc. dbf 和 cj. dbf 设置完整性规则：“插入规则”：限制；“更新规则”：级联。

(3) 为 js. dbf 和 kc. dbf 设置完整性规则：“删除规则”：限制；“更新规则”：级联。

4. 参照完整性规则检验

(1) 参照[例 4]，检验 xs. dbf 和 cj. dbf 之间的完整性规则。

(2) 检验 kc. dbf 和 cj. dbf 之间的完整性规则。

(3) 检验 js. dbf 和 kc. dbf 之间的完整性规则。

四、课后练习

1. 下列关于定义参照完整性的说法,正确的是________。

A. 只有在数据库设计器中建立两个表的联系,才能建立参照完整性

B. 建立参照完整性必须在数据库设计器中进行

C. 建立参照完整性之前,首先要清理数据库

D. 以上各项均正确

2. 下列各项中不属于 VFP 参照完整性规则的是________。

A. 更新规则　　B. 删除规则　　C. 插入规则　　D. 约束规则

3. Visual FoxPro 系统中,对数据库表设置参照完整性过程时,“更新规则”选择了“限制”选项后,则________。

A. 在更新父表的关键字的值时,新的关键字值更新子表中的所有相关记录

B. 在更新父表的关键字的值时,若子表中有相关记录则禁止更新

C. 在更新父表的关键字的值时,若子表中有相关记录则允许更新

D. 在更新父表的关键字的值时,不论子表中是否有相关记录都允许更新

4. 在 VFP 中,如果指定两个表的参照完整性的删除规则为“级联”,则当删除父表中的记录时,________。

A. 系统自动备份父表中被删除记录到一个新表中

B. 若子表中有相关记录,则禁止删除父表中记录

C. 自动删除子表中所有相关记录

D. 不作参照完整性检查,删除父表记录与子表无关

5. 数据库是许多相关的数据库表及其关系等对象的集合.在下列有关 VFP 数据库的叙述中,错误的是________。

A. 可用命令新建数据库

B. 从项目管理器中可以看出,数据库包含表、视图、查询、连接和存储过程

C. 创建数据库表之间的永久性关系,一般是在数据库设计器中进行

D. 数据库表之间创建“一对多”永久性关系时,主表必须用主索引或候选索引

6. 表之间的“临时性关系”,是在两个打开的表之间建立的关系。如果两个表中有一个被关闭,则该“临时性关系”________。

A. 转化为永久关系　　B. 永久保留

C. 消失　　D. 临时保留

7. 针对某数据库中的两张表创建永久关系时,下列叙述中不正确的是________。

A. 主表必须创建主索引或候选索引

B. 子表必须创建主索引或候选索引或普通索引

C. 两张表必须有同名的字段

D. 子表中的记录数不一定多于主表

8. 对于 VFP 中的参照完整性规则,下列叙述中不正确的是________。

A. 更新规则是当父表中记录的关键字值被更新时触发

B. 删除规则是当父表中记录被删除时触发

C. 插入规则是当父表中插入或更新记录时触发

D. 插入规则只有两个选项:限制和忽略

9. 要控制两个表中数据的完整性和一致性,可以设置“参照完整性”,要求这两张表________。

A. 都是自由表　　　　B. 不同数据库中的两个表

C. 是统一数据库中的表　　　　D. 一个是数据库表,另一个是自由表

10. 在 Visual FoxPro 的数据工作期窗口,使用 Set Relation 命令可以建立两个表之间的关联,这种关联是________。

A. 永久性关联　　　　B. 永久性关联或临时性关联

C. 临时性关联　　　　D. 永久性关联和临时性关联

11. 在数据库设计器中,建立两个表之间的一对多联系是通过以下索引实现的________。

A. “一方”表的主索引或候选索引,“多方”表的普通索引

B. “一方”表的主索引,“多方”表的普通索引或候选索引

C. “一方”表的普通索引,“多方”表的主索引或候选索引

D. “一方”表的普通索引,“多方”表的候选索引或普通索引

12. 参照完整性的作用是________控制。

A. 字段数据的输入　　　　B. 记录中相关字段之间的数据有效性

C. 表中数据的完整性　　　　D. 相关表之间的数据一致性

13. VFP 中表之间的关系有 3 种:一对一、________和________。

14. 表之间的临时关系可建立于________表之间,永久性关系只能建立于________表之间。

实验 8　SQL 语言的数据定义与操纵功能

一、实验目的

1. 掌握 SQL 语言的数据定义功能：表的定义、删除、表结构修改。
2. 掌握 SQL 语言的数据操纵功能：记录的插入、更新、删除。
3. 掌握 SELECT－SQL 语句的基本语法。

二、实验准备

知识点：

1. 基本概念

(1) SQL 语言的全称是________________。

(2) 用 SQL 语句对视图和基本表进行________操作。

(3) SQL 语句可以在 VFP 的________窗口中交互执行，也可以写入程序代码中实现。

2. 数据操纵命令

创建表结构的 SQL 语句是 Create Table；修改表结构的 SQL 语句是______________；插入记录的 SQL 语句是______________；修改记录的 SQL 语句是______________；删除记录的 SQL 语句是______________。

3. SQL－SELECT 查询

(1) From 子句的作用是______________；Where 子句的作用是__________________；Distinct 的作用是______________；Group By 子句的作用是______________；Having 子句的作用是__________；Order By 子句的作用是__________；Asc 的含义是____________；Desc 的含义是______________。

(2) 运算符 Between…And 的作用是____________；运算符 In 的作用是____________；运算符 Like 的作用是______________。

(3) 设有表 xs. dbf，其中有两个字段 cj、xb，分别表示成绩和性别，则表达式“Count(*) As 人数”的作用是____________；表达式“Max(xs. cj) As 最大值”的作用是____________；表达式“Min(xs. cj) As 最大值” 的作用是______________；表达式“Avg(xs. cj) As 最大值” 的作用是____________；表达式“Sum(Iif(xs. xb='男',1,0)) as 男生人数”的作用是____________；表达式“Sum(Iif(xs. xb='女',1,0)) as 男生人数”的作用是____________。

(4) 子句 Top n 表示__________________；子句 Into Array a 表示________________；子句 Into Cursor b 表示__________________；子句 Into Table c 表示________________。

分析

注：设置 d:\vfp 为当前默认目录。

1. 操纵表结构的 SQL

【例 1】新建表 gz.dbf 结构，其结构如下所示：

gh (C,5)	xm (C,8)	xb (C,2)	zc (c,10)	jbgz (N,8,0)	gwjt (N,8,0)	gz (N,8,0)

则可在命令窗口中执行：

Create Table gz(gh C(5),xm C(8),xb C(2),jbgz N(8,0),gwjt N(8,0),gz N(8,0))

【提示】用户可打开表设计器查看 gz 表结构的创建情况。

【例 2】对表 gz.dbf 按以下要求操作：

(1) 添加列 qt,类型是 N(8,0),则可在命令窗口中执行：

```
Alter Table gz Add qt N(8,0)                && 打开表设计器观察记录的变化
```

(2) 删除上述列 qt,则可在命令窗口中执行：

```
Alter Table gz Drop Column qt               && 打开表设计器观察记录的变化
```

(3) 删除表 gz.dbf,则可在命令窗口中执行：

```
Drop Table gz                               && 在默认路径下观察表的变化
```

2. 操纵表记录的 SQL(插入、更新和删除)

【例 3】在表 xst.dbf 中插入新记录。

```
Insert Into xst(xh,xm,xb) Values("11111111","黎明","男")
                                            && 新记录包含部分字段值
Insert Into xst Values("2222222222","陈明","女",{^1970-12-25},"江苏常州")
                                            && 新记录包含所有字段值
```

【例 4】将 jst.dbf 中所有女教师的基本工资加 100。

```
Update jst Set jbgz=jbgz+100 Where xb="女"
```

【提示】Update 和 Replace 命令使用时要注意：

1) 带更新条件时,Update 用 Where,而 Replace 用 For。

2) Update 使用之前,不需要打开表;而 Replace 使用之前则需要先打开表。

【例 5】删除表 xst.dbf 中籍贯是“江苏常州”的“女”学生记录。

```
Delete From xst Where jg="江苏常州" And xb="女"
                                            && 对符合条件的记录作删除标记
Pack                                        && 彻底删除带删除标记的记录
```

【提示】Recall 命令可以去除删除标记。

3. 单表查询 SELECT - SQL

(1) 不指定列的查询。

【例 6】查询 xs 表中所有学生的信息。

Select * From sjk! xs

(2) 指定列的查询。

【例 7】查询 xs 表中所有学生的学号和姓名。

Select xh,xm From sjk! xs

(3) 用 Distinct 指定有无重复行的查询。

【例 8】查询 cj 表中的 kcbh,不允许输出重复记录。

Select Distinc kcbh From sjk! cj

(4) 使用数学聚集函数的查询。

【例 9】输出 xs 表中学生的人数。

Select Count(*) As 人数 From sjk! xs

(5) 用 Where 子句筛选数据源记录的查询。

【例 10】查询 xs 表中所有女生记录的学号、姓名和性别字段。

```
Select xh,xm,xb;
From sjk! xs;
Where xb="女"
```

【例 11】查询 xs 表中出生年月在 84 年和 86 年之间学生的学号、姓名和出生年月。

```
Select xh,xm,csny;
From sjk! xs;
Where Csny Between {01/01/84} And {12/31/86}
```

【提示】该命令在操作时先要把主菜单"工具"→"选项"→"常规"中的"严格的日期级别"设为"0—关闭",否则会出现如图 8-1 所示的错误信息。

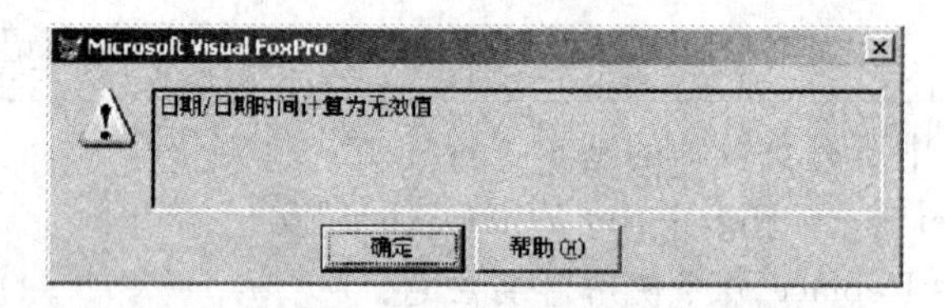

图 8-1 错误提示信息

【例 12】查询 xs 表中所有姓王学生的学号和姓名。

```
Select xh,xm;
From sjk! xs;
Where xm Like "王%"
```

(6) 用 Group By 子句设置分组依据。

【例 13】查询 cj 表中各门课的选修人数。

```
Select kcbh,Count(*) As 人数;
From sjk! cj;
Group By kcbh
```

(7) 使用Having子句筛选的查询。

【例14】查询cj表中选修人数查过3门(含3门)的kcbh和人数。

```
Select kcbh,Count(*) As 人数;
From sjk! cj;
Group By kcbh;
Having 人数>=3
```

【提示】注意Having和Where子句的区别。

(8) 用Order By子句对查询结果排序。

【例15】按出生年月降序显示xs表中的学号、姓名和出生年月。

```
Select xh,xm,csny;
From sjk! xs;
Order By csny Desc
```

【提示】默认为升序Asc,Desc表示降序。

(9) 使用Into子句指定查询去向。

【例16】显示js表中职称是"教授"的所有教师工号、姓名和职称,并将查询结果保存到表jszc.dbf中。

```
Select gh,xm,zc;
From sjk! js;
Where zc="教授";
Into Table jszc                    && 将查询结果存放到表jszc.dbf中
Select jszc
Browse                             && 观察jszc.dbf表中的记录
Close Tables All
```

4. 多表查询SELECT-SQL

【例17】基于表xs.dbf和cj.dbf,查询各个学生的选修课成绩,要求输出xh、xm、kcbh和cj,并按cj升序排列。

```
Select xs.xh,xs.xm,cj.kcbh,cj.cj;
From sjk! xs,sjk! cj;
Where xs.xh=cj.xh;
Order By xs.xh Desc
```

【例 18】基于表 xs. dbf、cj. dbf 和 kc. dbf，查询成绩在 70～90 之间的学号、姓名、课程名和成绩。

```
Select xs. xh,xs. xm,kc. kcm,cj. cj;
From sjk! xs,sjk! cj,sjk! kc;
Where xs. xh=cj. xh And cj. kcbh=kc. kcbh And cj. cj Between 70 And 90
```

【例 19】查询 kc 表中尚未被选修的课程。

```
Select * ;
From sjk! kc;
Where kc. kcbh Not In(Select Distinc cj. kcbh From sjk! cj)
```

三、实验内容

注：(1) 设置 d:\vfp 为默认路径；

(2) 相关表已在前面实验中创建。

1. 对表 gz. dbf 进行相关操作。

   要求：参照[例 1]和[例 2]来实现。

2. 对表 xst. dbf 进行相关操作。

   要求：参照[例 3]和[例 5]来实现。

3. 对表 jst. dbf 进行相关操作。

   要求：参照[例 4]实现。

4. 单表查询

   要求：参照[例 6]至[例 16]完成。

5. 多表操作

   要求：参照[例 17]至[例 19]完成。

6. 根据以下功能，上机用 SQL 命令实现并将对应的 SQL 命令写在横线上。

(1) 显示 js 表中年龄在 35 岁以上职称是教授记录的工号、姓名和职称。

____

____

____

____

____

____

(2) 基于表 cj，统计学生的平均分，要求输出 xh、平均分，并按平均分降序排列。

____

____

____

____

____

(3) 基于表 js. dbf 和 kc. dbf,显示各个教师的授课情况,要求输出工号、姓名和课程名。

Select js. gh,js. xm,kc. kcm;

____

____

____

____

____

____

四、课后练习

1. SQL 语句的条件子句的关键字是________。

A. Confion　　B. For　　C. While　　D. Where

2. SQL 语句中删除表的命令是________。

A. Drop Table　　B. Delete Table　　C. Erase Table　　D. Delete

3. 在 SQL 中,建立数据库表结构的命令是________。

A. Create Schema 命令　　B. Create Table 命令

C. Create View 命令　　D. Create Index 命令

4. 在设计查询时,查询结果的去向可以有多个选择。设 xh 和 xm 是 xs 表中的两个字段,则下列 Select - SQL 命令中语法错误的是________。

A. Select xh, xm From xs Into Dbf xsa

B. Select xh, xm From xs Into Cursor xsa

C. Select xh, xm From xs Into File xsa

D. Select xh, xm From xs To Screen

5. 在下列有关 SQL 命令的叙述中,错误的是________。

A. 利用 Alter Table - SQL 命令可以修改数据库表和自由表的结构

B. 利用 Delete - SQL 命令可以直接物理删除(彻底删除)表中的记录

C. 利用一条 Update - SQL 命令可以更新一个表中的多个字段的内容

D. 利用查询设计器设计的查询,其功能均可以利用一条 Select - SQL 命令实现

6. 如果要创建一张仅包含一个字段的自由表 rb,其字段名为 rb,字段类型为字符型,字段宽度为 20,则可以用下列的________命令创建。

A. Create Tabie rb rb C(20)

B. Create Table rb(rb C(20))

C. Creafe Table rb Field rb C(20)

D. Create Table rb Field(rh C(20))

7. 学生表(xs. dbf)的表结构为:学号(xh,C,8)、姓名(xm,C,8)、性别(xb,C,2)、班级(bj,C,6),用 Insert 命令向 xs 表添加一条新记录,记录内容为:

xh	xm	xb	bj
99220101	王凌	男	992201

则下列命令中正确的是________。

A. Insert Into xs Values("99220101","王 凌","男","992201")

B. Insert To xs Values("99220101","王 凌","男","992201")

C. Insert Into xs(xh,xm,xb,bj) Values("99220101, 王 凌,男,992201")

D. Insert To xs(xh,xm,xb,bj) Values("99220101"," 王 凌","男","992201")

8. 已知教师表 js. dbf 的表结构如下：

字段名	类型	长度	小数位	含义
gh	C	6		工号
xm	C	8		姓名
gl	N	2		工龄
jbgz	N	7	2	基本工资

若要求按如下条件更改基本工资(jbgz)：

工龄在 10 年以下(含 10 年)者基本工资加 200

工龄在 10 年以上(不含 10 年)者基本工资加 400

可用如下命令来完成：

Update js ________ jbgz＝Iif(________,Jbgz＋200,Jbgz＋400)。

9. 设教师表 js. dbf 的表结构如下：

字段名	类型	长度	小数位	含义
gh	C	6		工号
xm	C	8		姓名
gl	N	2		工龄
csrq	D	8		出生日期

要删除教师表中年龄在 60 岁以上(不含 60 岁)的教师记录，可使用命令：

Delete From js Where ________

10. 用 Update - SQL 语句修改 ts(图书)表中作者字段(zz,C)的值时，若要在所有记录的作者后面加汉字“等”(字段宽度足够)，可以使用命令：

Update ts Set zz＝ ________ ＋“等”

11. SQL 语言是关系型数据库的标准查询语言. 在 VFP 中，使用 Select - SQL 命令进行数据查询时，如果要求在查询结果中无重复记录，则可以在命令中使用________短语。

12. 数据库 sjk 的学生表(xs. dbf)中有学号(xh,c,8)、姓名(xm,C,8)等字段；成绩表(cj. dbf)中有学号(xh,C,8)、课程代号(kcdh,C,3)和成绩(cj,N,3)等字段。以下 Select - SQL 命令是根据学生表和成绩表查询选修课程在 6 门以上的学生选修课程门数、成绩优秀的课程门数(注:优秀是指成绩大于或等于 85)。

```
Select xs. xh,xs. xm,Count( * ) As 选课门数,;
__________(Iif(cj. cj=>85,1,0))As 优秀课门数;
From sjk! xs Inner Join sjk! cj;
On xs. xh=cj. xh;
Group By xs. xh;
__________选课门数>=6
```

13. 设教学管理系统中有两个表:专业代码表(zy. dbf)和学生表(xs. dbf)。专业代码表含有专业代码(zydm,C,2)和专业名称(zymc,C,30)等字段,学生表含有学号(xh,C,10)等字段。其中,学号的第 3、4 位表示该学生所在的专业代码。下列 Select - SQL 命令可用于显示那些没有学生的专业代码和专业名称:

```
Select zy. zydm,zy. zymc From zy
Where zy. zydm ________(Select Substr(xs. xh,3,2) From xs)
```

14. 用 Select - SQL 命令对数据进行查询时,Select 命令中 From 子句用来指定数据源表,________子句用来筛选源表记录,________子句用来筛选结果记录,________子句可以把一个 Select 语句的查询结果与另一个 Select 语句的查询结果组合起来。

15. 使用下列命令可以把"bjmc"(班级名称)字段添加到 xs 表中:

Alter Tables xs ________ bjmc C(2)

16. 使用下列命令从 xs 表中删除 bj 字段:

Alter Tables xs ________ bj

实验9　查询

一、实验目的

1. 掌握查询设计器的使用方法。
2. 掌握单表查询和多表查询的方法。
3. 掌握 SELECT - SQL 语句与查询设计器对应的关系。

二、实验准备

知识点

1. 基本概念

(1) 查询的数据源可以是________、________和________。

(2) 查询文件的扩展名是________。

(3) 查询中的数据是________的，________(能/不能)对其进行更新。

2. 查询设计器创建查询

(1) 查询设置区，包含6个选项卡，分别是：________、联接，________、排序依据，________和杂项，且每个选项卡和 SQL - SELECT 语句的各子句是一一对应的。

(2) 运行查询命令是____________。

(3) Visual FoxPro 提供了四种联接类型，分别是________、________、右联接和________。

(4) 查询结果默认的去向是________。

(5) 查询文件中保存的内容并不是查询的结果数据，而是设定的查询________；当数据源改变时，查询的结果也会随着改变。查询文件实际是一条________命令。

分析

注：设置 d:\vfp 为默认目录。

1. 利用查询设计器建立查询文件

(1) 单表查询

【例1】使用 sjk 数据库中的表 xs. dbf，创建一个查询 xs1. qpr，查询所有女生情况。要求查询结果中包含学生的学号、姓名、性别和籍贯，并按学号降序排列，以“浏览”的方式查看查询结果。

第1步：在项目文件 student. pjx 中单击“数据”选项卡，选择“查询”项，单击右边“新建”按钮；

第2步：在弹出的“新建查询”对话框中单击“新建查询”按钮，打开“查询设计器”窗口；

第 3 步：在图 9－1 所示的“添加表或视图”对话框中，选择表 xs，单击“添加”按钮，再单击“关闭”按钮；

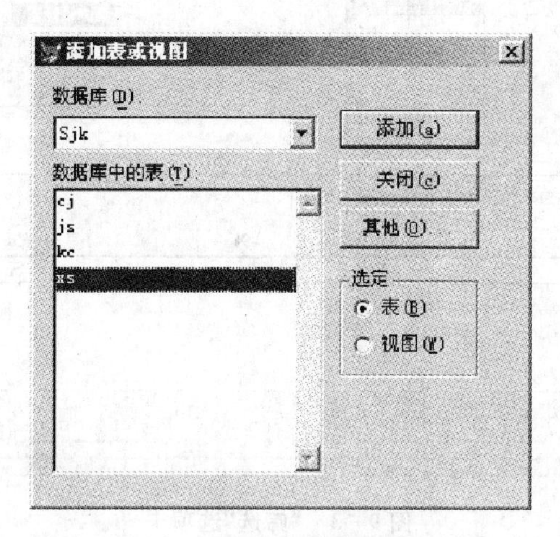

图 9－1 “添加表或视图”对话框

第 4 步：在“字段”选项卡中选定要输出的字段。在“可用字段”列表中分别单击“xs. xh”、“xs. xm”、“xs. xb”和“xs. jg”，单击“添加”按钮，分别将上述字段添加到“选定字段”列表中，如图 9－2 所示；

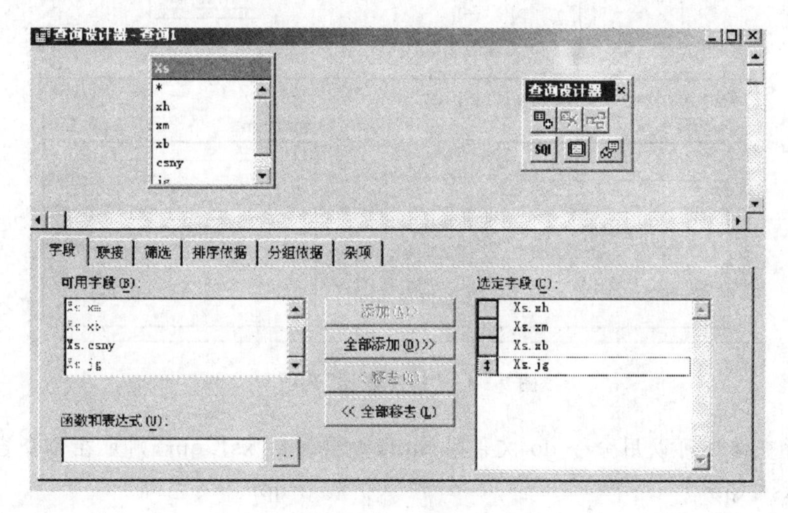

图 9－2 “字段”选项卡

第 5 步：在“筛选”选项卡中设置筛选条件：xs. xb＝"女"，如图 9－3 所示；

第 6 步：在“排序依据”选项卡中设置输出顺序，将“选定字段”列表中的 xs. xh“添加”到“排序条件” 列表中，在“排序选项”中单击“降序”单选按钮，如图 9－4 所示；

第 7 步：单击工具栏上的“保存”按钮，以文件名 xs1 保存到默认路径下；

第 8 步：单击工具栏上的“运行”按钮“!”，或者单击主菜单“查询”，选中“运行查询”菜单项以运行查询，注意观察查询结果。

【提示】

1）第 3 步选择数据源表时可单击“其他”按钮，即从弹出的对话框中选择所需要的表。

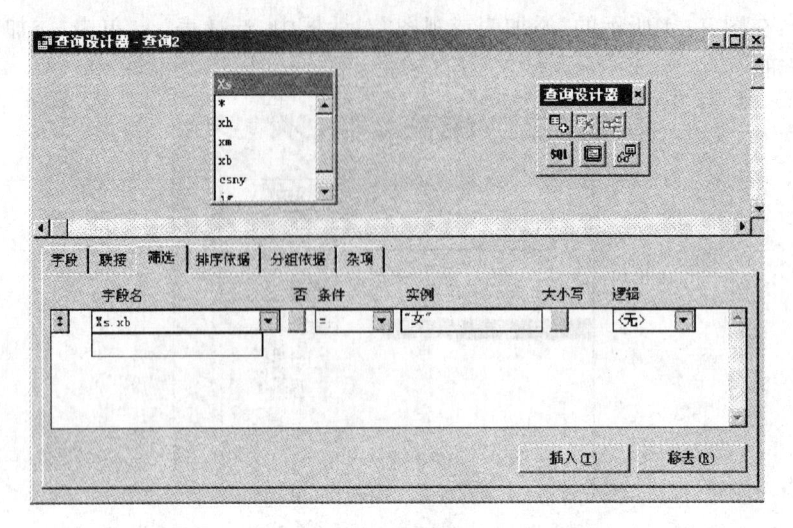

图 9-3 “筛选”选项卡

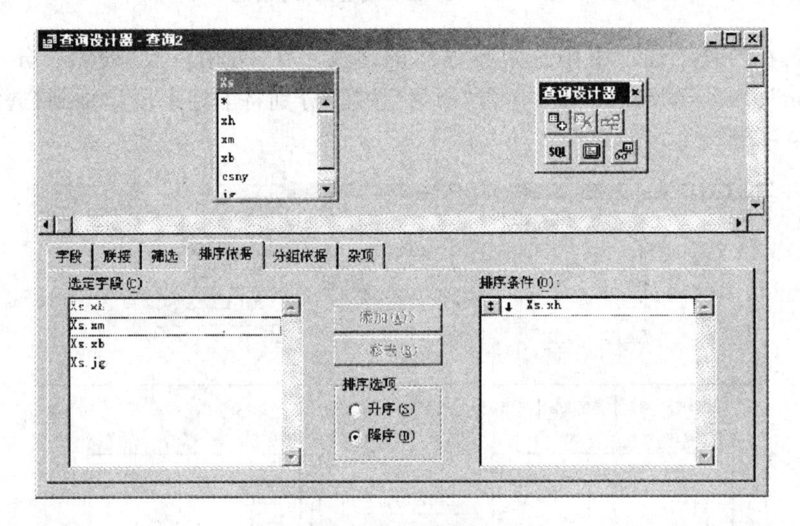

图 9-4 “排序依据”选项卡

2) 运行查询还可以用命令 do 文件名.qpr，如要运行 xs1.qpr，则可在命令窗口中输入：

do xs1.qpr　　　　　　　&& 注意扩展名 qpr 不可省略

(2) 修改查询

【例 2】修改[例 1]建好的查询 xs1.qpr，将字段添加说明标题，即将“xh”设置“学号”输出、将“xm”设置“姓名”输出、将“xb”设置“性别”输出、将“jg”设置“籍贯”输出，且将筛选条件重新设置为 xm 是第一个字“张”或“王”，最后以文件名 xs2.qpr 保存，执行结果以“浏览”方式查看。

第 1 步：打开 student.pjx 项目管理器，在“查询”中选择“xs1”，单击“修改”按钮，即可出现“查询设计器”窗口；

第 2 步：在“字段”选项卡中单击“全部移去”按钮，将“选定字段”中所有字段移回“可用字段”中；在“函数与表达式”文本框中输入“xs.xh as 学号”，单击“添加”按钮，即将该表达式移到“选定字段”列表中；同理，分别将表达式“ xs. xm as 姓名”、“xs. xb as 性别”和“xs. jg as 籍贯”移到“选定字段”列表中，见图 9-5 所示；

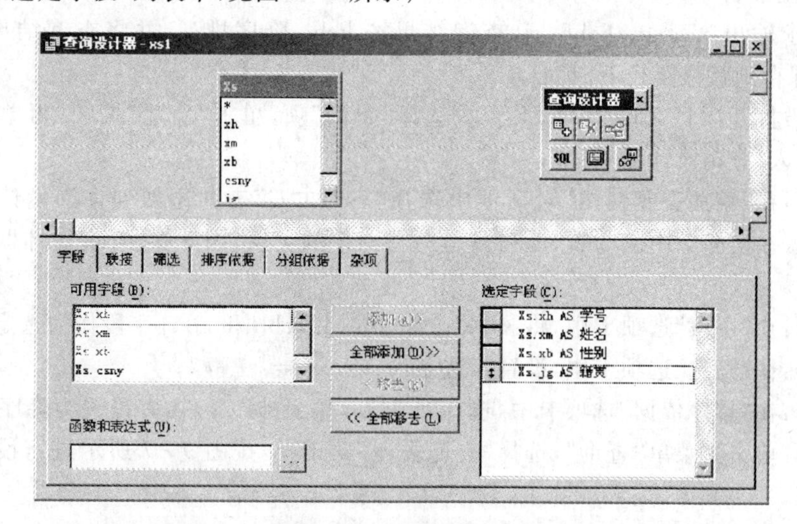

图 9-5 “字段”选项卡

第 3 步：在“筛选”选项卡中选中原来的条件“xs. xb="女"”，单击“移去”按钮；重新按图 9-6 设置的条件；

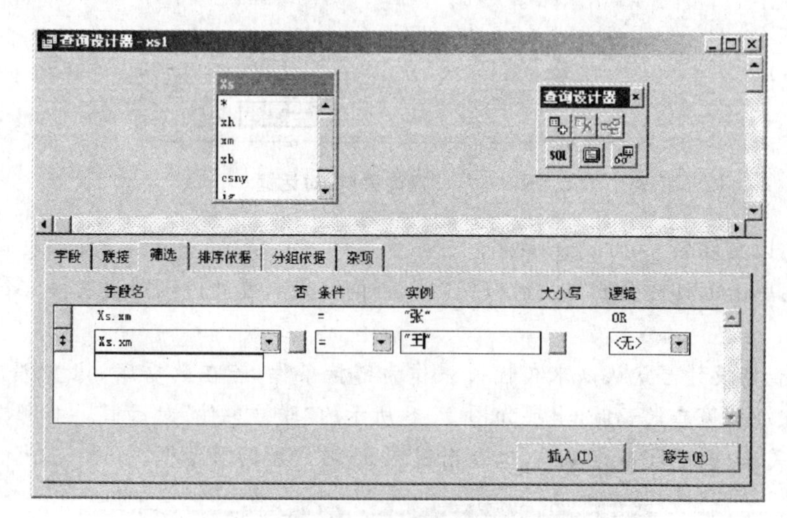

图 9-6 “筛选”选项卡

第 4 步：在“排序依据”选卡中设置输出顺序，将“选定字段”列表中的 xs. xh“添加”到“排序条件”列表中，在“排序选项”中单击“降序”单选按钮；

第 5 步：单击主菜单“文件”，选中“另存为”菜单项，在“另存为”对话框中输入文件名“xs2”，单击“保存”按钮；

第 6 步：单击工具栏上的“运行”按钮，注意观察查询结果。

【提示】此时 xs2. qpr 并没有在项目管理器中，需要通过利用项目管理的“添加”按钮将其添加进来。

(3) 多表查询

【例 3】基于表 xs.dbf 和 cj.dbf，设计一个查询 xscj1.qpr，查询姓名为“王静”的学生选课情况，要求输出 xh、xm、kcbh，cj，查询结果按 kcbh 降序排列，并将查询结果以表文件 xscj1.dbf 保存到默认路径下。

第 1 步：打开项目文件 student.pjx，选择“查询”项，单击“新建”按钮，再单击“新建查询”按钮，进入“查询设计器”窗口；

第 2 步：在“添加表或视图”对话框中选择“xs”和“cj”表并添加到查询设计器中，单击“关闭”按钮(在实验 7 中已为表 xs 和 cj 建好一对多的关系，因此在“查询设计器”中可看到关系线)；

第 3 步：在“字段”选项卡中，将 xs.xh、xs.xm、cj.kcbh 和 cj.cj 字段作为选定字段；

第 4 步：在“筛选”选项卡中，设置筛选条件：xs.xm="王静"；

第 5 步：在“排序依据”选项卡中，选择 cj.kcbh 作为排序条件，并设置为降序排列；

第 6 步：单击主菜单“查询",选择“查询去向”菜单项，按图 9-7 所示进行设置，并单击“确定”按钮；

图 9-7 “查询去向”对话框

第 7 步：以文件名 xscj1.qpr 保存；

第 8 步：单击工具栏上的“运行”按钮“!”，查询结果需要通过浏览表文件 xscj1.dbf 来浏览。

【提示】查询设计器默认以永久性关系作为链接条件，若在数据库 sjk 中没有建立永久关系，则会在添加第二张表时，出现如图 9-8 所示的“联接条件”对话框。本例，数据库中两张表已存在关系，则可双击连接线，也会出现图 9-8 所示的对话框。

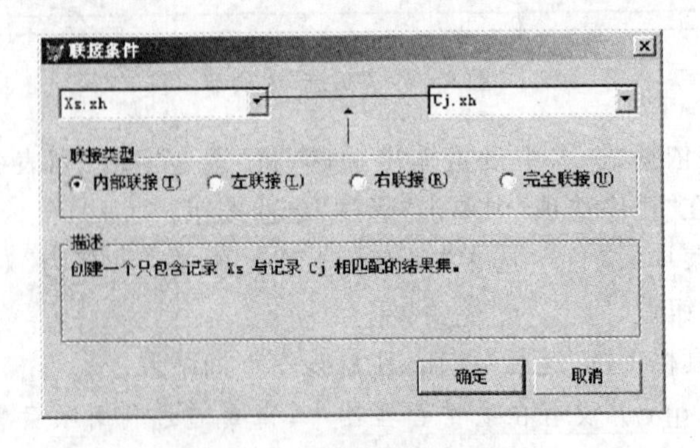

图 9-8 “联接条件”对话框

【例4】基于表 xs. dbf 和 cj. dbf，设计一个查询 xscj2. qpr，统计选修课数目超过2门的学生的 xh、xm、xb 和选课门数，查询结果按选课门数降序排列。

第1步：打开 student. pjx 项目管理器，选择"查询"项，单击"新建"按钮，再单击"新建查询"按钮，进入"查询设计器"窗口；

第2步：在"添加表或视图"对话框中选择班级和学生表并添加到查询设计器中，单击"关闭"按钮；

第3步：在"字段"选项卡中，按图9-9所示进行设置；

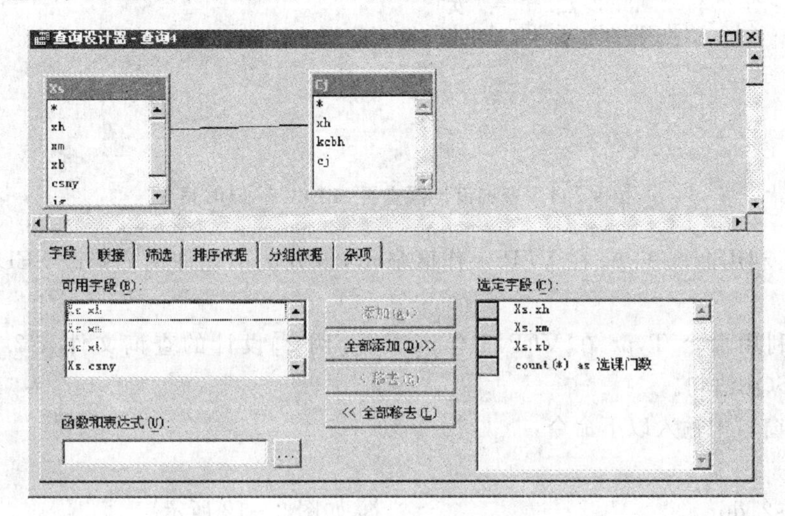

图9-9 "字段"选项卡

第4步：在"排序依据"选项卡中，设置"count(*) as 选课门数"降序排列；

第5步：在"分组依据"选项卡中，在"可用字段"列表中 xs. xh 字段添加到"分组依据"列别中，且单击"满足条件"按钮，在"设置条件"对话框中按图9-10所示进行设置；

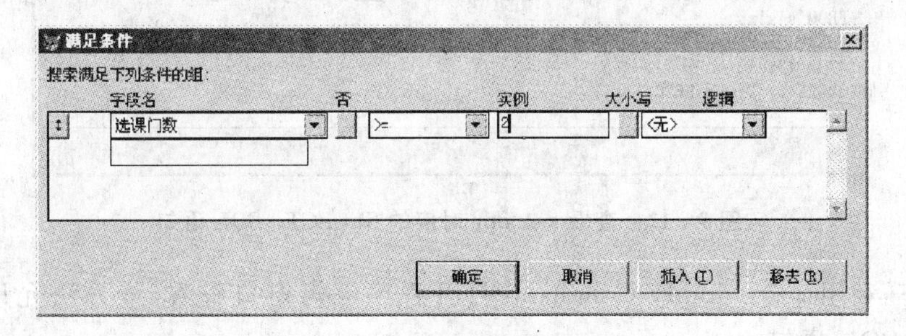

图9-10 "满足条件"选项卡

第6步：以文件名 xscj2. qpr 保存；

第7步：单击工具栏上的"运行"按钮"!"，注意观察查询输出结果。

2. SELECT-SQL 命令编辑

(1) 查看 SELECT-SQL 语句

方法一：利用查询设计器设计查看自动生成的 SELECT-SQL 语句，但该方法不允许用户编辑 SELECT-SQL 语句。

【例 5】利用查询设计器查看 xs1. qpr。

第 1 步:打开项目文件 student. pjx,单击“数据”选卡,选中“查询”中的“xs2”;

第 2 步:单击“修改”按钮,即打开了“查询设计器”窗口;

第 3 步:单击主菜单“查询”,选择“查看 SQL”菜单项,出现如图 9－11 所示的窗口。

```
xs1.qpr [只读]
SELECT Xs.xh, Xs.xm, Xs.xb, Xs.jg;
 FROM sjk!xs;
 WHERE Xs.xb = "女";
 ORDER BY Xs.xh DESC
```

图 9－11 查询设计器查看 SELECT－SQL 语句

方法二:利用命令 Type 在 VFP 工作区显示,该方法不允许用户修改 SELECT－SQL 语句。

【例 6】利用命令 Type 在 VFP 工作区查看[例 2]设计的查询文件 xs2. qpr 对应的 SELECT－SQL语句。

在命令窗口中输入以下命令:

Clear

Type xs2. qpr　　　　　　　　　　&& 如图 9－12 所示

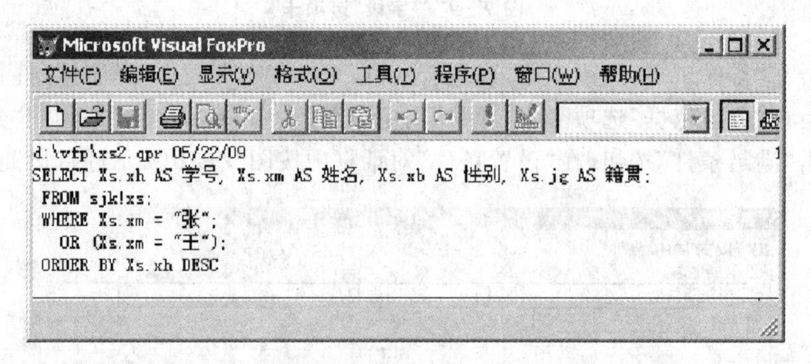

图 9－12 查看 xs2. qpr 对应的 SELECT－SQL 语句

方法三:利用命令 Modify Command 打开程序编辑窗口查看,该方法允许用户修改 SELECT－SQL 语句。

【例 7】利用命令 Modify Command 查看[例 3]设计的查询文件 xscj1. qpr 对应的 SELECT－SQL 语句。

在命令窗口中输入以下命令:

Modify Command xscj1. qpr　　　　　　　　&& 如图 9－13 所示

【提示】若查询文件 a. qpr 不存在,则命令“Modify Command a. qpr”打开程序编辑窗口,用户可在此窗口中输入设定的 SELECT－SQL 语句,输入完毕保存,再单击工具栏上的“运行”按钮,即可执行查询文件 a. qpr。

xscj1.qpr

```
SELECT Xs.xh, Xs.xm, Cj.kcbh, Cj.cj;
 FROM  sjk!xs INNER JOIN sjk!cj ;
   ON  Xs.xh = Cj.xh;
 WHERE Xs.xm = "王静";
 ORDER BY Cj.kcbh DESC;
 INTO TABLE xscj1.dbf
```

图 9-13 查看 xscj1.qpr 对应的 SELECT-SQL 语句

三、实验内容

注:(1) 设置 d:\vfp 为默认路径;

(2) 相关表已在前面实验中创建。

1. 参考样例,利用查询设计器设计查询。

(1) 参考[例 1],基于表 xs.dbf,设计查询 xs1.qpr;

(2) 参考[例 2],基于表 xs.dbf,设计查询 xs2.qpr;

(3) 参考[例 3],基于表 xs.dbf 和 cj.dbf,设计查询 xscj1.qpr;

(4) 参考[例 4],基于表 xs.dbf 和 cj.dbf,设计查询 xscj2.qpr。

2. 基于表 kc.dbf 和 cj.dbf,设计一个查询 kccj1.qpr,统计各门课选修的情况。要求输出 kcbh、kcm 和选课人数,查询结果按选课人数升序排列,查询结果保存到表 kccj1.dbf 中。

3. 基于表 js.dbf 和 kc.dbf,设计一个查询 jskc1.qpr,查询所有尚未担任过课程的教师,要求输出两张表的所有字段,查询结果中相同的行只需出现一次,并按 js 表的 gh 字段升序排列。

提示:用左连接(双击两张表的连接线会出现图 9-8 所示的"联接条件"对话框)联接 js 和 kc 表,然后在结果中选出 kc 表中 gh 为 NULL 的记录("分组依据"选项卡的"满足条件"按钮来设置该条件)。

4. 试用不同方法查看下列查询的 SELECT-SQL 语句,并填入以下空行。

(1) 使用查询设计器查看本实验第 2 题创建的 kccj1.qpr 所对应的 SELECT-SQL 语句;

____

____

____

____

____

(2) 用 type 命令查看[例 3]创建的 xscj1.qpr 所对应的 SELECT-SQL 语句;

____

____

____

____

____

(3) 用 Modify Command 命令查看本实验第 3 题创建的 jskc1. qpr 所对应的 SELECT - SQL 语句；

____

____

____

____

____

四、课后练习

1. 根据需要，可以把查询的结果输出到不同的目的地。以下不可以作为查询输出类型的是________。

A. 自由表　　B. 报表　　C. 临时表　　D. 表单

2. 使用 SELECT - SQL 命令来建立各种查询时，下列叙述中正确的是________。

A. 基于两个表创建查询时，必须预先在两个表之间创建永久性关系

B. 基于两个表创建查询时，查询结果的记录数不会大于任一表中的记录数

C. 基于两个表创建查询时，两个表之间可以无同名字段

D. 用 Order By 子句只能控制查询结果按某个字段进行升序排序

3. 默认的表间联接类型是________。

A. 内部联接　　B. 左联接　　C. 右联接　　D. 完全联接

4. 查询设计器是一种________。

A. 建立查询的方式　　B. 建立报表的方式

C. 建立新数据库的方式　　D. 打印输出方式

5. "查询设计器"中的"筛选"选项卡的作用是________。

A. 增加或删除查询的表　　B. 观察查询生成的 SQL 程序代码

C. 指定查询条件　　D. 选择查询结果中包含的字段

6. 多表查询必须设定的选项卡为________。

A. 字段　　B. 筛选　　C. 更新条件　　D. 联接

7. 在 VFP 中建立查询后，可以从表中提取符合指定条件的一组记录，________。

A. 但不能修改记录

B. 同时又能更新数据

C. 但不能设定输出字段

D. 同时可以修改数据，但不能将修改的内容写回原表

8. 以下关于查询的描述中. 正确的是________。

A. 只能由自由表创建查询　　B. 不能由自由表创建查询

C. 只能数据库表创建查询　　D. 可以由各种表创建查询

9. 在"添加表和视图"对话框中. "其他"按钮的作用是让用户选择________。

A. 数据库表　　　　B. 视图

C. 不属于数据库的表　　　　D. 查询

10. 在 VFP 中,如果建立的查询是基于多个表,那么要求这些表之间________。

A. 必须是独立的　　　　B. 必须有联系

C. 不一定有联系　　　　D. 必须是自由表

11. 建立查询前,首先会弹出一个“选择表或视图”的对话框,它相当于 SQL 语句中的________。

A. Select　　B. From　　C. Where　　D. Into

12. 在 SQL - SELECT 语句中的 Where 子句部分,对应于查询设计器中的________。

A. “字段”选项卡　　　　B.“筛选”选项卡

C. “排序依据”选项卡　　　　D. “分组条件”选项卡

13. 在查询设计器中,用于编辑联接条件的选项卡是________。

A. “筛选”　　B. “联接”　　C. “分组依据”　　D.“联接依据”

14. 执行 SQL 语句中的________,等效于在查询设计器中,选定“杂项”选项中的“无重复记录”复选框。

15. SQL 语句中的 Group By 和 Having 子句对应查询设计器上的选项卡是________。

16. 在 SELECT - SQL 命令对数据进行查询时,Select 命令中的 From 子句用于指定数据源,________子句用于筛选源表记录的,________子句用于筛选结果记录。

实验10 视图

一、实验目的

1. 掌握视图设计器的使用方法。

2. 学会创建参数化视图。

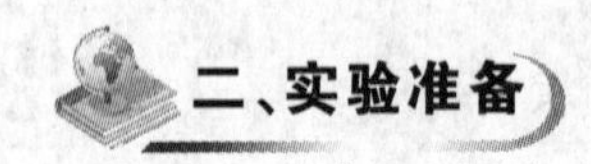

二、实验准备

知识点

1. 基本概念

(1) 视图是数据库的一部分，只能在________中看到，而不以独立的文件形式保存。

(2) 视图的数据源可以是________、________和________。

(3) 视图可分为________视图和________视图。

(4) 数据库中只存放视图的________，而不存放视图的________。

(5) 视图打开时，其基表________打开，但关闭视图时，其基表________(会/不会)随之自动关闭。

2. 用视图设计器创建本地视图

(1) 若想通过视图数据的修改来更新基表中的数据，则可利用________选卡中的"发送SQL更新"选项来实现。

(2) 为避免每取一部分记录值就要单独建立一个视图的情况，可以创建具有提示输入值来查询信息的视图，称为________视图。

分析

注：设置 d:\vfp 为默认目录。

1. 利用视图设计器创建本地视图

【例 1】基于表 js. dbf，创建本地视图 jsst，筛选出男教师的基本情况，输出 gh、xm、xb、zc 和 jbgz，按 gh 降序排列。

第 1 步：打开 student. pjx 项目管理器，选择"本地视图"项，单击"新建"按钮，再单击"新建查询"按钮，进入"视图设计器"窗口；

第 2 步：在"添加表或视图"对话框中选择 js 表并添加到视图设计器中；

第 3 步：在"字段"选项卡中，选取 js. xh、js. xm、js. xb、js. zc 和 js. jbgz 字段；

第 4 步：在"筛选"选项卡中，设置筛选条件为：js. xb="男"；

第 5 步：在"排序依据"选项卡中，选定 js. gh 为排序字段，并按降序排列；

第 6 步：在默认路径下以文件名 jsst 保存视图；

第 7 步：单击工具栏中的“运行”按钮，结果如图 10-1 所示。

【提示】

1）视图设计器和查询设计器基本一致，只是视图设计器上多了一个选卡“更新条件”。

2）运行视图文件 jsst，还可以在命令窗口中输入：

```
Close Tables All
Use jsst                              && 打开视图文件
Browse                                && 浏览视图文件
Use
```

Jsst

Gh	Xm	Xb	Zc	Jbgz
2301	黄宏	男	讲师	2000
2103	张海军	男	讲师	1800
1879	吴浩	男	助教	1800
0807	罗辑	男	副教授	2600
0768	孙向东	男	教授	4500
0213	钱一鸣	男	教授	4800

图 10-1 jsst 视图运行结果

【例 2】基于表 kc. dbf 和 cj. dbf，创建一个本地视图 kccjst1，筛选出 kcbh 为“101”和“123”的记录，要求输出 kcbh、kcm、xf、xh 和 cj，按 kcbh 升序排列。

第 1 步：打开 student. pjx 项目文件，在“数据”选项卡中选择“sjk”数据库，选择“本地视图”，单击“新建”按钮，再单击“新建查询”按钮，进入“视图设计器”窗口；

第 2 步：在“添加表或视图”对话框中选择 kc 和 cj 表并添加到视图设计器中，单击“关闭”按钮（在实验 7 中已为课程和成绩表建好一对多的关系，在“视图设计器”中可看到关系线）；

第 3 步：在“字段”选项卡中，选取 kc. kcbh、kc. kcm、kc. xf、cj. xh 和 cj. cj 字段；

第 4 步：在“筛选”选项卡中，设置筛选条件为：kc. kcbh＝"101" or kc. kcbh＝"123"；

第 5 步：在“排序依据”选项卡中，选定 kc. kcbh 为排序字段，并按升序排列；

第 6 步：在默认路径下以文件名 kccjst1 保存视图；

第 7 步：单击工具栏中的“运行”按钮，输出如图 10-2 所示。

【提示】观察运行结果中记录是否已排序、输出的字段是否是选定的字段。

Kccjst1

Kcbh	Kcm	Xf	Xh	Cj
101	电工电子技术	2	1234567890	78
101	电工电子技术	2	1703050606	72
101	电工电子技术	2	1703050410	81
101	电工电子技术	2	1703050420	88
123	VB程学设计	3	1234567890	56
123	VB程学设计	3	1703050108	87
123	VB程学设计	3	1703050410	32

图 10-2 kccjst1 视图运行结果

2. 使用视图更新数据源

【例 3】对[例 1]创建的视图 jsst,为其设置更新字段 zc,并另存为 jsst2。

第 1 步:打开 student. pjx 项目文件,选择"sjk"数据库中的本地视图"jsst",单击"修改"按钮,即出现视图设计器;

第 2 步:在"更新条件"选卡中,设置更新字段 zc,并单击"发送 SQL 更新"选项,如图 10－3 所示;

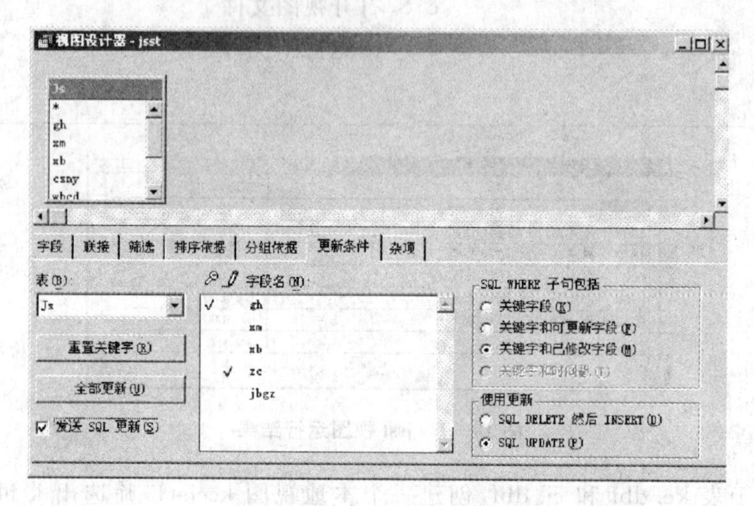

图 10－3 "更新条件"选项卡

第 3 步:以文件名 jsst2 保存该视图;

第 4 步:单击工具栏上的"运行"按钮,并将第 1 条记录的职称有"讲师"修改为"教授"。

【提示】浏览 js 表后发现该记录的 zc 字段也随之更新。

3. 创建参数化视图

【例 4】在 js 表中任意查询 gh 的记录信息。

第 1 步:打开 student. pjx 项目文件,在"数据"选卡中选择"sjk"数据库,选择"本地视图",单击"新建"按钮,再单击"新建查询"按钮,进入"视图设计器"窗口;

第 2 步:在"添加表或视图"对话框中选择 js 表并添加到视图设计器中;

第 3 步:在"字段"选卡中选择全部字段输出;

第 4 步:单击主菜单"查询",选择"试图参数"菜单项,出现如图 10－4 所示的"试图参数"对话框,设置两个参数:工号(字符型);

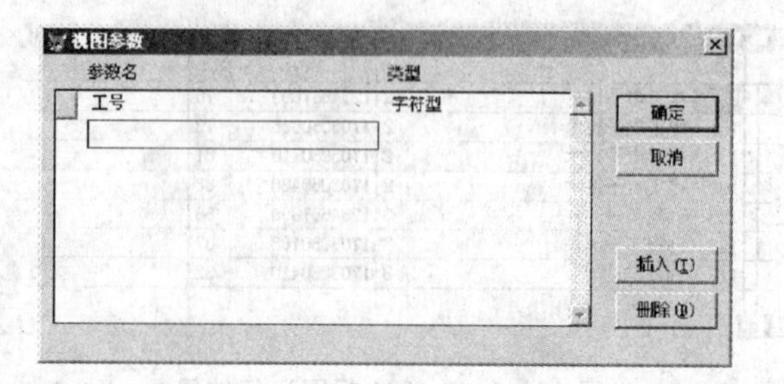

图 10－4 "试图参数"对话框

第5步：在“筛选”选卡中，设置如图10－5所示的筛选条件；

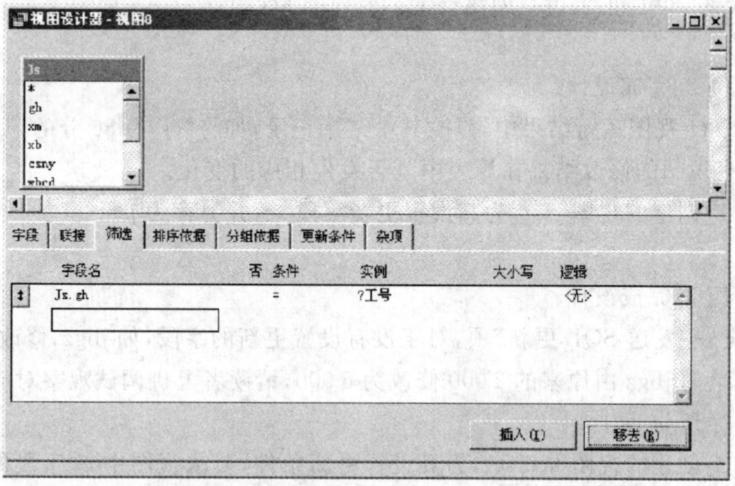

视图设计器 - 视图8

Js: *, gh, xm, xb, csny, whcd

字段 | 联接 | 筛选 | 排序依据 | 分组依据 | 更新条件 | 杂项

字段名	否	条件	实例	大小写	逻辑
Js.gh		=	?工号		<无>

插入(I)　移去(R)

图10－5 “筛选”选项卡

第6步：以文件名jsst3保存该视图；

第7步：单击工具栏上的“运行”按钮，查询gh为“0807”，如图10－6所示，查询结果如图10－7所示。

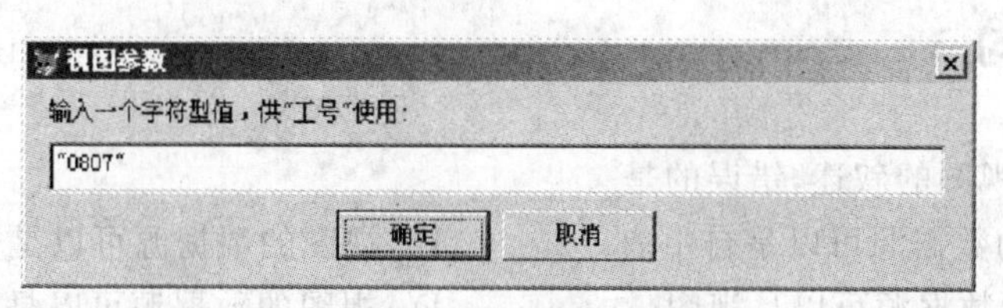

图10－6 “试图参数”对话框

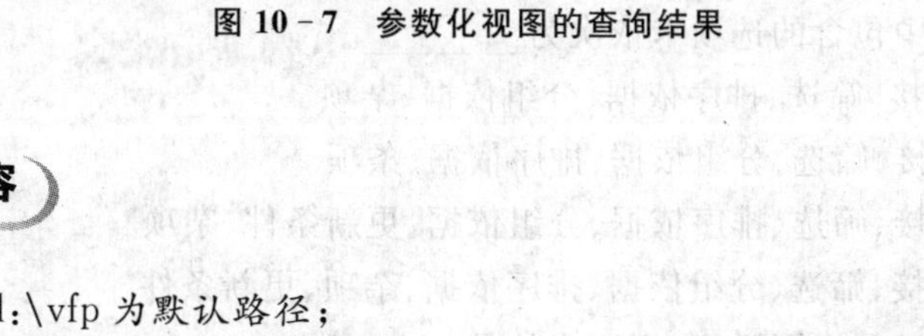

Jsst3

Gh	Xm	Xb	Csny	Whcd	Zc	Jbgz
0807	罗辑	男	12/10/68	硕士	副教授	2600

图10－7 参数化视图的查询结果

三、实验内容

注：(1) 设置d:\vfp为默认路径；

(2) 相关表已在前面实验中创建。

1. 基于表js.dbf，创建视图jsst。

要求：

(1)参考[例1]完成设计；

(2)在jsst视图运行结果中，修改其中某条记录，如将“基本工资”为2 000元的记录改为 8 000，再浏览 js 表，观察视图的修改结果在源表中是否发生变化。

2. 基于表 kc. dbf 和 cj. dbf，创建一个本地视图 kccjst1。

要求：

(1)参考[例 2]完成设计；

(2)在 kccjst1 视图运行结果中，修改其中某条记录，如将"cj"为 56 分的记录改为 90，再浏览 cj 表，观察视图的修改结果在源表中是否发生相应的变化。

3. 对[例 1]创建的视图 jsst，为其设置更新字段 zc，并另存为 jsst2。

要求：

(1)参考[例 3]完成设计；

(2)虽已设置"发送 SQL 更新"项，对于没有设置更新的字段，如 jbgz，修改该字段内容，如将第一条记录的 jbgz 由原来的 2 000 修改为 6 000，请读者上机调试观察对 jbgz 的修改是否已将数据回存到 js 表中。

4. 对[例 2]创建的视图 kccjst1，为其设置更新条件，要求视图中 cj 字段的更新能发送到数据源表 cj. dbf 表的 cj 字段，并将修改后的视图另存为 kccjst2。

5. 在 xs 表中任意查询 jg 和 xb 的记录信息，实现查询 jg 为"江苏"、xb 为"男"的记录的所有信息，并以文件名 xsst1 保存。

【提示】可参考[例 4]的设计过程。

四、课后练习

1. 下列关于视图的叙述，错误的是________。

A. 视图的数据源可以是自由表　　B. 视图的数据源可以是数据表

C. 视图的数据源可以是视图　　D. 视图的数据源可以是查询

2. 下列关于视图与查询的叙述，错误的是________。

A. 视图可以更新数据

B. 查询和视图都可以更新数据

C. 查询保存在一个独立的文件中

D. 视图不是独立的文件，它只能存储在数据库中

3. 视图设计器中包含的选项卡依次为________。

A. 字段、联接、筛选、排序依据、分组依据、杂项

B. 字段、联接、筛选、分组依据、排序依据、条项

C. 字段、联接、筛选、排序依据、分组依据、更新条件、杂项

D. 字段、联接、筛选、分组依据、排序依据、杂项、更新条件

4. 下列关于查询和视图说法，不正确的是________。

A. 查询设计器中没有"数据更新"选项卡

B. 视图设计器中不存在"查询去向"的选项

C. 视图结果存放在数据库中

D. 查询和视图都可以在磁盘中找到相应的文件

5. 建立视图的命令是________。

A. Open View　　B. Open Query　　C. Create View　　D. Create Query

6. 在 Visual FoxPro 中,创建________将不以独立的文件存储。

A. 查询　　B. 类库　　C. 视图　　D. 菜单

7. 若当前"项目管理器"中有一个查询 cx 和一个视图 st,且包含视图的数据库已打开,则运行查询或打开视图时,下列命令中语法正确的是________。

A. DO cx　　B. DO Query cx　　C. Use View st　　D. Use st

8. 视图不能单独存在,它必须依赖于________。

A. 视图　　B. 数据库　　C. 表　　D. 查询

9. 创建视图时,相应的数据库必须是________状态。

10. 视图是一种存储在数据库中特殊的数据库表。当它被打开时,对于本地视图而言,系统将同时在其他工作区中把视图所基于的基表打开,这是因为视图包含一条________语句。

A. Select - SQL　　B. Use　　C. Locat　　D. Set Filter To…

实验 11　程序设计

一、实验目的

1. 掌握程序结构控制语句的基本用法。
2. 掌握程序设计的基本方法。
3. 掌握用户自定义函数和过程的定义和调用方法。
4. 初步掌握程序的调试方法。

二、实验准备

知识点

1. 结构化的程序设计方法

结构化的程序设计是指将应用程序分解成若干个功能模块，通过各模块的相互调用来完成整个执行过程。

2. 程序中常用的结构控制语句

a. 条件分支结构

根据条件的测试结果执行不同的操作。VFP 中有两种语句实现条件分支结构。

(1) If…Else…Endif

其语句的基本结构为：

```
If   Expression
     Commands1
[Else
     Commands2]
Endif
```

(2) Do Case…Endcase

其语句的基本结构为：

```
Do Case
     Case    Expression1
             Commands
     [Case   Expression2
             Commands
         …
     Case    ExpressionN
             Commands]
```

```
    [Otherwise
                Commands]
    Endcase
```

当需要判断多种可能的情况时,Do Case…Endcase 结构比用多个 If 语句更有效。

b. 循环结构

可以按要求重复执行某些语句。在 VFP 中有 3 种循环语句。

(1) Scan…Endscan

其语句的基本结构为:

```
Scan
    [Scope] [For Expression1]
    [Commands]
Endscan
```

(2) For…Endfor

其语句的基本结构为:

```
For Var=初值 To 终止值 [Step 步长值]
    Commands
Endfor
```

若事先知道循环的次数,使用 FOR 语句构造循环比较方便。

(3) Do While…Enddo

其语句的基本结构为:

```
Do While Expression
    Commands
Enddo
```

如果是当某一条件满足时结束循环,可以使用 Do While 语句。使用 Do While 结构可以事先不清楚循环的次数,但应知道循环终止的条件。

循环结构中的 Loop 命令和 Exit 命令:

Loop 是短路语句,表示从此开始下一次循环;

Exit 是退出语句,表示跳出循环。

3. 过程和自定义函数

结构化程序设计的主要特点是,用户可以将经常执行的具有某个功能的一段代码独立出来,创建一个过程或用户自定义函数。如果需要多次用到该功能,就不必多次编写出代码,而只需调用这个过程或自定义函数。

(1) 自定义函数(UDF)的定义方法

```
Function 函数名
    [Parameters 参数列表]           && 若有多个参数,用逗号分隔
    Commands
    [Return [Expression]]           && 指定函数的返回值,缺省时返回.T.
Endfunc
```

(2) 自定义过程的定义方法

```
Procedure 过程名
    [Parameters 参数列表]                && 若有多个参数,用逗号分隔
    Commands
    [Return [Expression]]                && 指定函数的返回值,缺省时返回.T.
Endproc
```

用户创建的过程或自定义函数可存放在独立的程序文件(.prg)中或数据库文件(存储过程)中,还可以放在一个程序的最后。

(3) 自定义函数与过程的调用

- 不带参数的调用

```
    Do 函数名                            &&Do 命令调用函数不返回值
或  函数名( )                            && 调用函数可以得到一个返回值
```

- 带参数的调用

```
    Do 函数名 With 参数列表              &&Do 命令调用函数不返回值
或  函数名(参数列表)                     && 调用函数可以得到一个返回值
```

如果自定义过程(函数)存放在独立文件中则要先用命令:

Set Procedure To 过程文件名

来打开文件。

(4) 参数传递

- 传递的参数一般与接收参数的数目相等。
- 参数之间用逗号分隔,最多 27 个。
- 传递参数有两种方式:

  按引用方式:Set Udfparms To Reference

  按值方式: Set Udfparms To Value

- 用括号括起变量,表示按值传递参数。
- 在变量前加上@,表示按引用传递参数。

分析

注:设置 d:\vfp 为默认路径,涉及的表结构参见附录。

1. 程序文件的建立与执行

a. 程序文件的建立与编辑

(1) 用菜单建立

用户在“项目管理器”的“代码”选项卡中选择“程序”,然后单击“新建”按钮,如图 11-1 所示。进入 VFP 提供的“程序编辑器”窗口,输入程序代码,默认扩展名为“.prg”,如图 11-2 所示。

(2) 用命令建立

在“命令”窗口中输入:

Modify Command 文件名

(3) 修改

用户可以在“项目管理器”的“代码”选项卡中选择“程序”,然后单击“修改”按钮;也可以在“命令”窗口中输入 Modify Command 命令。

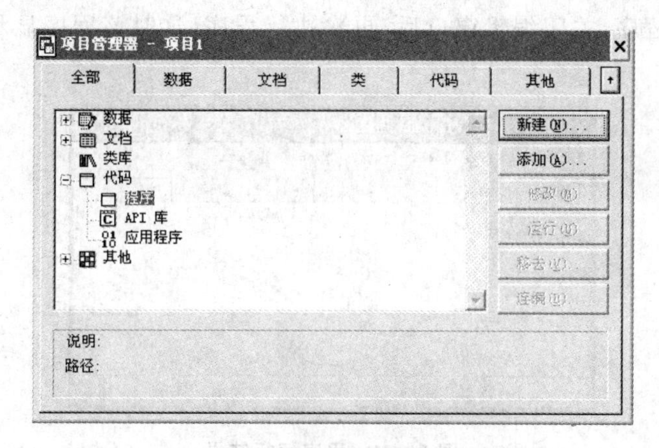

图 11-1　新建程序

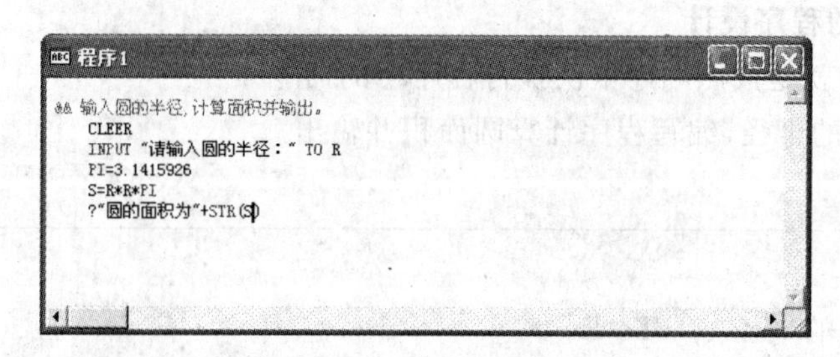

图 11-2　程序代码输入窗口

b. 执行程序文件

(1) 在“项目管理器”的“代码”选项卡中选择要执行的程序，然后单击“运行”按钮即可；

(2) 在“程序”菜单中选择“运行”菜单项，然后输入要执行的程序文件名；

(3) 在“命令”窗口中使用“Do 程序文件名”命令执行文件。

c. 调试程序文件

在程序设计过程中，通常需要多次运行、编辑程序，修改设计中出现的错误，直至程序达到预期的功能为止。例如运行上面的程序，会出现如图 11-3 所示的提示框：

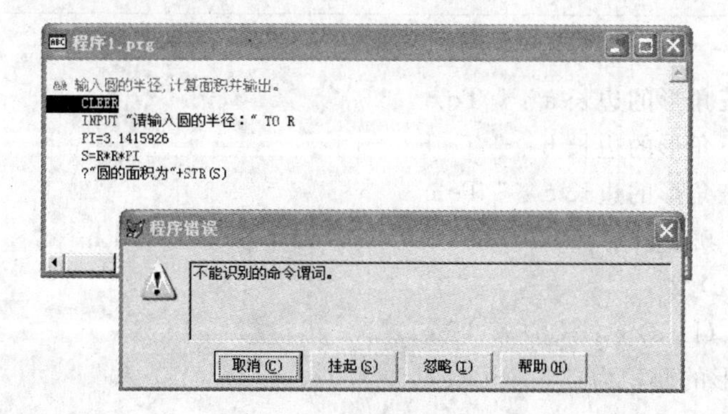

图 11-3　程序错误提示框

单击提示框中的“取消”命令按钮，在编辑窗口中修改错误，将“CLEER”改为

"CLEAR"。保存程序,关闭编辑窗口后,再次执行程序,这时该程序显示执行结果,如图 11-4 所示。

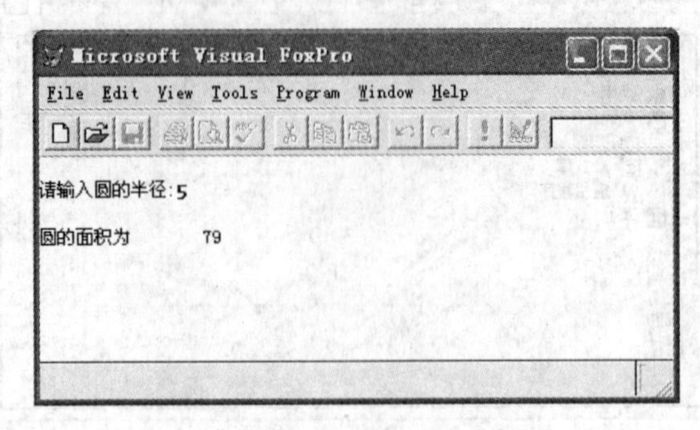

图 11-4 程序运行结果

2. 顺序结构的程序设计

所谓顺序结构就是按照顺序依次执行程序中的命令。

【例 1】输入圆的半径,编写程序计算圆面积并输出。

参考程序如下:

```
Clear
Input "请输入圆的半径 :" To R
pi=3.1415926
s=r*r*pi
? "圆的面积为" + Str(s,10,2)
```

3. 分支结构的程序设计

分支结构就是根据条件的测试结果执行不同的操作。有两种实现分支结构的语句:If…Else…Endif 语句和 Do Case…Endcase 语句。

【例 1】编程判断 3 个数 a,b,c 能否构成三角形,如果能则计算三角形的面积。

参考程序如下:

```
Clear
Input "请输入三角形的边长 a :" To a
Input "请输入三角形的边长 b :" To b
Input "请输入三角形的边长 c :" To c
If(a>0 And b>0 And c>0) And (a+b>c And a+c>b And b+c>a)
    l=(a+b+c)/2
    s=Sqrt(l*(l-a)*(l-b)*(l-c))
    ? "该三角形的面积为:" + Str(s)
Else
    ? "不能构成三角形!"
Endif
```

【例 2】随机产生 0—6 之间的数，用中文输出星期几。如产生的随机数是 4，则输出："随机产生的是数 4，所以是星期四！"

参考程序如下：

```
Clear
n=Round(Rand() * 6.0,0)                    && 随机产生 0—6 之间的数
Do Case
    Case n=1
      m= "星期一"
    Case n=2
      m= "星期二"
    Case n=3
      m= "星期三"
    Case n=4
      m= "星期四"
    Case n=5
      m= "星期五"
    Case n=6
      m= "星期六"
    Otherwise
      m= "星期日"
Endcase
? "随机数产生的是数"+Alltrim(Str(n))+ ",所以是"+m
```

4. 循环结构的程序设计

循环就是使得一组语句重复执行若干次。可以预先指定要循环的次数，也可以预先不指定次数而由某个条件控制循环。

【例 1】计算 5 的阶乘。

```
Clear
nresult=1
For n=1 To 5
    nresult=nresult * n
Endfor
? "5 的阶乘为"+Str(nresult)
```

【例 2】统计一个字符串中各个字符的个数(假设字符串仅由小写英文字母 a,b,c,d 组成)。

```
Clear
cstr= "aabbcddadbcddddccccabbcdddd"          && 需统计字符个数的字符串
Store 0 To na,nb,nc,nd      &&na,nb,nc,nd 分别统计字符串中字母 a,b,c,d 的个数
Do While Len(cstr)>0
     c=Left(cstr,1)
     n&c=n&c+1
     cstr=Substr(cstr,2)
Enddo
?"字符串中字母 a,b,c,d 的个数分别为:"+Str(na)+Str(nb)+Str(nc)+Str(nd)
```

【例 3】求 1—100 之间非 5 的倍数的所有奇数之和。

```
Clear
s=0
For i=1 To 100 Step 2
     If Mod(i, 5)=0
        Loop
     Endif
     s=s+i
Endfor
? "1—100 之间非 5 的倍数的所有奇数之和为:"+Str(s)
```

【例 4】计算数列 1,1/2,1/3,1/4,...,1/n 之和,当某一项的值与前一项的值之差小于 0.001 时停止计算。

```
Clear
n=1
m=1
nsum=0
Do While .T.
     nsum=nsum+1/n
     m=1/n
     n=n+1
     If m-1/n<0.001
          Exit
     Endif
Enddo
? "该数列的和为:"+Str(nsum,10,3)
```

【例 5】将 kc.dbf 表参见附录中"学分<6"的课程性质由"必修"改为"选修课"。

方法一：

```
Clear
Use kc
Scan
   If xf<6
      Repl kcxz With "选修课"
   Endif
Endscan
List
Use
```

方法二：

```
Clear
Use kc
Do While Not Eof( )
   If xf<6
      Repl kcxz With "选修课"
   Endif
   Skip
Enddo
List
Use
```

5. 自定义函数或过程的创建与使用

(1) 用户定义的自定义函数或过程保存在一个独立的程序文件(称为“过程文件”)中。

【例 1】创建程序文件 func. prg，该程序如下：

```
Function jc                  && 自定义函数 jc( )用于计算阶乘
  Parameters num
  t=1
  For n=1 To num
    t=t*n
  Endfor
  Return t
Endfunc

Procedure out_p              && 自定义过程 out-p( )用于输出图形
  ? "****************"
```

```
  ? "*                                  *"
  ? "* * * * * * * * * * * * * * * * * *"
Endproc
```

保存程序,关闭编辑窗口,然后在"命令"窗口中执行如下命令:

```
Set Procedure To func.prg          && 打开过程文件
? jc(5)                            && 调用函数 jc
out_P( )                           && 调用过程 out_P
Set Procedure To                   && 关闭过程文件
? jc(5)                            && 因过程文件被关闭,所以该命令执行时出错
```

(2) 自定义函数或过程位于程序的底部

【例 2】计算 s=1! +2! +3! +4! +5!

```
Clear
s=0
For i=1 To 5
    s=s+jc(i)
Endfor
? "1! +2! +3! +4! +5! 的值为:"+Str(s)

Function jc
    Parameters num
    t=1
    For n=1 To num
       t=t*n
    Endfor
    Return t
Endfunc
```

三、实验内容

注:设置 d:\vfp 为默认路径,涉及的表结构参见附录。

1. 求出 1—299 中能被 3 整除且不能被 5 整除的所有数之和。

2. 编程将由 ASCII 码字符组成的字符串反序显示(即字符串"ENGLISH"显示为"HSILGNE")。

3. 根据输入的 x 的值,求出 y 的值,并输出 x 和 y 的值。

$$y=\begin{cases}1.5*x+7.5 & x<=2.5\\ 9.32*x-34.2 & x>2.5\end{cases}$$

4. 编程计算数列 1/1!,l/2!,1/3!,1/4!,……,1/10! 之和(注:n! ＝1＊2＊3＊4…＊n)。

5. 更改“xs. dbf”参见附录中所有记录的性别,将原来为“男”的改为“女”,原来为“女”的改为“男”。

四、课后练习

1. 下列命令中,不能使程序跳出循环的是________。

A. Loop　　B. Exit　　C. Quit　　D. Return

2. VFP 的循环语句有________。

A. Do While,For 和 Scan　　B. Do While,For 和 Loop

C. For,Scan 和 Loop　　D. Do Case 和 Do While

3. 自定义函数 rv()实现的功能是:将任意给定的一串字符倒序返回,如执行函数:rv(“ABCD”),则返回“DCBA”。完善函数 RV()的程序代码:

```
Function rv
    Parameters ch
    t=0
    mch=""
    Do While    t<Len(ch)
      mch = mch +Substr(ch, ________,1)
      t=t+1
    Enddo
    Return ________
Endfunc
```

4. 下列自定义函数 NTOC()的功能是:当传送一个 1—7 之间的数值型参数时,返回一个中文形式的“星期日—星期六”。例如:执行命令? NTOC(4),显示“星期三”。

```
Function Ntoc
    Parameters n
    Local ch
    CH="日一二三四五六"
    Mch="星期"+Substr(ch, ________,2)
    Return Mch
Endfunc
```

5. 下列程序的功能是计算:

S=1/(1＊2)+1/(3＊4)+1/(5＊6)+…+1/(N＊(N+1))+…的近似值,当 1/(N＊(N+1))的值小于 0.00001 时,停止计算。

```
s=0
i=1
Do While .T.
    p=________
    s=s+1/p
    If 1/p<0.00001
     ________
    Endif
    i=i+2
Enddo
```

6. 下列程序段用来求 0—100 之间的偶数之和，请将它写完整：

```
n=0
s=0
Do While n<=100
    n=n+1
    If n%2=1
     ________
    Else
      s=s+n
    Endif
Enddo
```

7. 已知学生成绩表(cj.dbf)参见附录的结构由学号(xh,C,6)、课程代号(kcdh,C,2)和成绩(cj,N,3)三个字段组成。下面程序段用来检查表中的成绩是否小于 0，如果小于 0，则给出提示信息。例如：如果第三条记录的成绩小于 0，则显示提示信息："第 3 条记录的成绩录入不合法"。完善下列程序段，使它完成上述功能：

```
Use cj
Scan
  If cj<0
    n=Recno( )
    s="第"+__________+"条记录的成绩录入不合法"
    Wait s
  Endif
__________

__________
```

实验12　表单和控件1

一、实验目的

1. 掌握使用表单向导创建表单的方法。

2. 掌握表单设计器的使用方法。

3. 掌握在表单设计器中对表单及表单中对象的属性设置方法。

4. 掌握表单数据环境的设置方法。

二、实验准备

知识点

1. 面向对象的程序设计方法

面向对象的程序设计是基于对象的自底向上的功能综合，它从内部结构上模拟客观世界中的事物，其开发过程是首先明确应用领域中的对象及其相互关系，而后再具体解决某一应用任务。

2. 类和对象

(1) 类是具有共同属性、共同操作性质的对象集合。

在 Visual FoxPro 系统中，类就像是一个模板，对象都是由类生成的。类定义了对象所有的属性、事件和方法，从而决定了对象的性质和它的行为。对象是类的实例。

基类是 VFP 预先定义的类。基类又可以分为容器类和控件类。

容器类(Containers Classes)可以容纳其他对象，并允许访问所包含的对象。如表单，自身是一个对象，它又可以把按钮、编辑框、文本框等对象放在表单中。

控件类(Control Classes)是可以放在容器类中的基类。例如，命令按钮和文本框就属于控件类。

(2) 对象(Object)是反映客观事物属性及行为特征的描述。

每个对象都具有描述它特征的属性，及附属于它的行为。在程序设计中，对象是私有数据和对这些数据进行处理的操作(方法程序)相结合的程序单元(实体)。在 Visual FoxPro 应用程序中，窗口、命令按钮等可以被看成是对象。

对象的引用分为绝对引用和相对引用两种，引用时容器中各个对象之间(以及对象与属性之间)用“.”进行分隔。

绝对引用是指从容器的最高层次引用对象，给出对象的绝对地址。

相对引用是指在容器层次中相对于某个容器层次的引用。VFP 中相对引用对象时所用的常用关键字有：

This——该对象；

Thisform——包含该对象的表单；

Thisformset——包含该对象的表单集；

Parent——该对象的直接容器。

3. 属性、事件和方法

每个对象都具有属性，以及与之相关的事件和方法。

属性(Property)定义了对象的特征或某一方面的行为。例如，学生有姓名、性别、年龄等属性。在 VFP 中，创建的对象也具有属性，这些属性由对象所基于的类决定，也可以为对象定义新的属性。

事件(Event)是由对象识别的一个动作，可以编写相应的代码对此动作进行响应。通常事件是由一个用户动作产生，如单击鼠标(Click)或移动鼠标(MouseMove)。在 VFP 中，不同的对象所能识别的事件虽然有所不同，但事件集合是固定的，用户不能创建新的事件。

常用的核心事件包括：

Click：用户使用主鼠标按钮单击对象；

DblClick：用户使用主鼠标按钮双击对象；

RightClick：用户使用辅鼠标按钮单击对象；

GotFocus：对象接收焦点，由用户动作引起；

KeyPress：用户按下或释放键；

InteractiveChange：以交互方式改变对象值。

方法(Method)，也叫方法程序，是指对象为实现一定功能而编写的代码。方法是附属于对象的行为和动作。例如，利用 Cls 方法可以清除表单中的图形和文本。方法可以由用户自己创建，因此其集合是可以无限制地扩展的。

常用方法包括：

Cls：清除表单中的图形和文本；

Quit：结束一个 VFP 实例；

Refresh：重画表单或控件，并刷新所有的值；

Release：从内存中释放表单(集)；

Show：显示一个表单，并确定是模式表单还是无模式表单。

4. 表单

在 VFP 系统中，对于表、查询、视图等数据的操作可以利用系统提供的界面操作，但是这样的操作需要对 VFP 系统的使用比较熟悉。如果开发应用程序，让用户来进行这样的操作显然是不太合适的，利用表单可以很好地对数据进行直观和快速的操作。

表单(Form)类似于 Windows 中的各种标准窗口与对话框，是 VFP 中最常用的界面。表单是一种容器类，可以由一个或多个页面组成，每个页面又可以包含多个控件对象，用于完成相应的操作。

“表单向导”是快速创建基于单张表的表单和“一对多”表单的有效工具。“表单设计器”是创建和修改表单的有力工具。在设计表单时，既可以用“表单向导”快速创建表单，也可以直接用“表单设计器”创建表单，还可以将“表单向导”和“表单设计器”结合起来，先用“表单向导”快速创建一个表单，然后再利用“表单设计器”对用“表单向导”创建的表单进行修改。

分析

注：设置 d:\vfp 为默认路径，并打开项目“jxgl. pjx”，涉及的表结构参见附录。

1. 利用表单向导创建基于单表的表单

创建基于 xs 表数据的表单，操作步骤如下：

(1) 单击“项目管理器”窗口中的“文档”选项卡，选择“表单”项，单击“新建”按钮。

(2) 在“新建表单”的对话框中单击“表单向导”按钮，而后在“向导选取”对话框中选择“表单向导”，单击“确定”按钮，如图 12-1 所示。

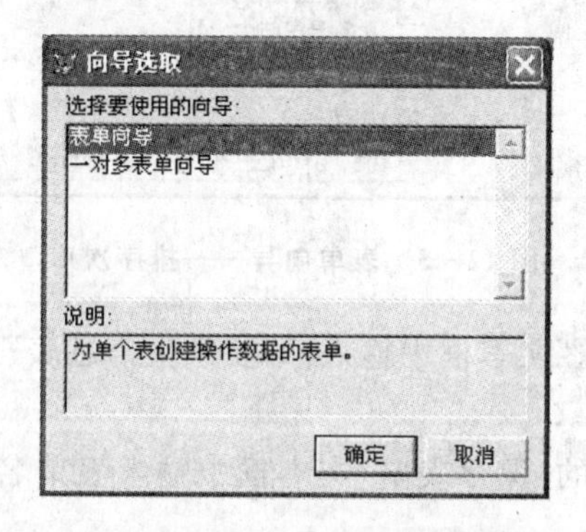

图 12-1　表单向导的选取

(3) 字段选取：在“数据库和表”列表框中单击 xs 表（如果列表框中无表显示，此时可单击列表框右侧的“…”按钮，启动“打开”对话框，选择 xs 表），在“可用字段”列表框中双击要加入表单的字段，如果希望表中所有的字段均列在表单中，则单击“▶▶”按钮，如图 12-2 所示。结束时单击“下一步”按钮。

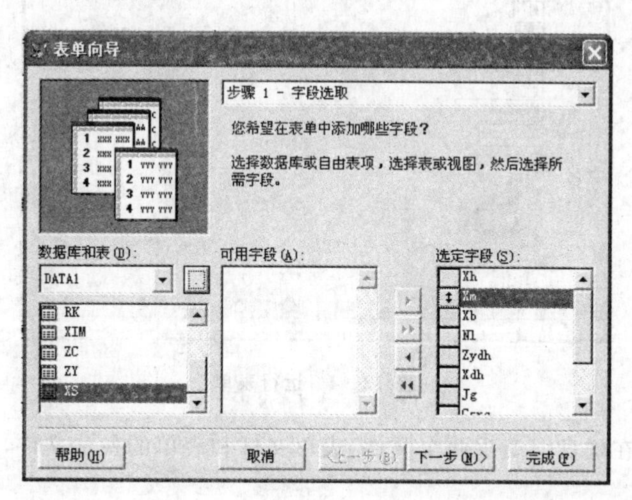

图 12-2　表单向导——字段选取

(4) 样式选用“标准式”，按钮类型选择“图片按钮”，结束时单击“下一步”按钮。

(5) 选择排序次序，单击 xh 字段、“添加”按钮，选择“升序”复选框，结束时单击“下一步”，如图 12-3 所示。

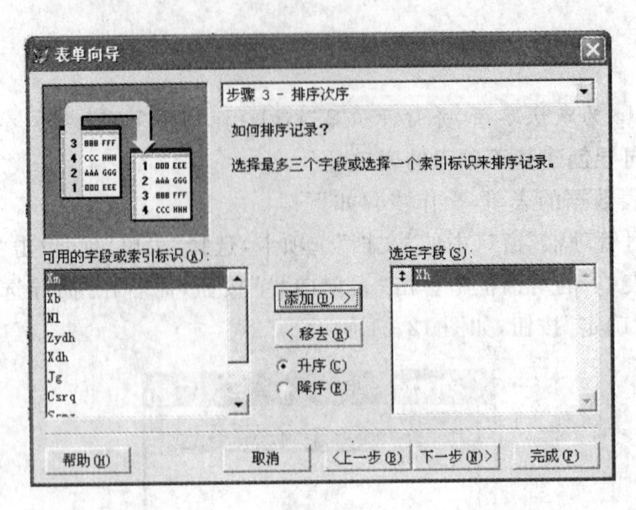

图 12-3　表单向导——排序次序

(6) 在"请输入表单标题"文本框中输入标题"学生信息表",单击"保存表单以备将来使用"复选框,点击"完成"按钮。

(7) 在"另存为"对话框的"保存表单"文本框中输入表单名 xs_Form,而后单击"保存"按钮。

(8) 运行表单。在"项目管理器"窗口的"文档"选项卡中选择表单下的 xs_Form,单击"运行"按钮,显示窗口如图 12-4 所示。

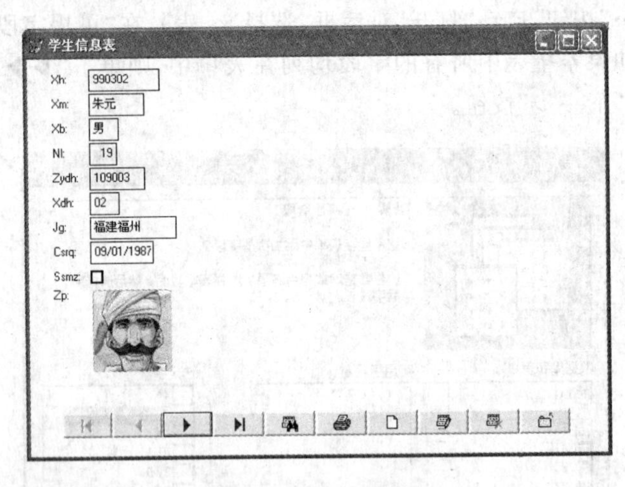

图 12-4　运行表单

表单保存后,在磁盘上产生两个文件:表单文件和表单的备注文件,扩展名分别为.scx 和.sct。

2. 利用表单向导创建一对多关系的表单

一对多表单向导可以创建一个用于操作两张相关表数据的表单。在一对多表单中,显示父表数据的同时以表格控件显示相关的子表数据。

本例中创建一个基于 xs 表和 cj 表的"一对多"表单,步骤如下:

(1) 单击"项目管理器"窗口中的"文档"选项卡,选择"表单"项,单击"新建"按钮。

(2) 在“新建表单”的对话框中单击“表单向导”按钮，而后在“向导选取”对话框中选择“一对多表单向导”，单击“确定”按钮。

(3) 从父表中选定字段。在“数据库和表”列表框中单击 xs 表(如果数据库文件未打开，则列表框中无表显示，此时可单击列表框右侧的“…”按钮，启动“打开”对话框)，然后双击“可选字段”列表框中的 xh、xm、xb、nl、csrq、zydh 等字段，结束时单击“下一步”按钮，如图 12-5 所示。

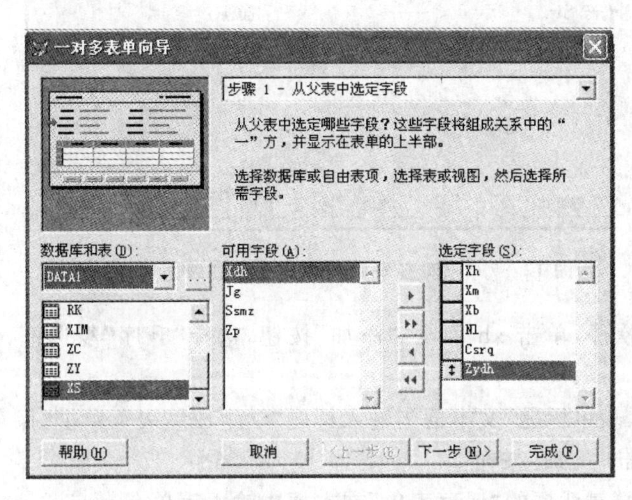

图 12-5　一对多表单向导——父表字段选取

(4) 从子表中选定字段。在图 12-6 中选取 cj 表中的 xh、kcdh 和 cj 字段，结束时单击“下一步”按钮。

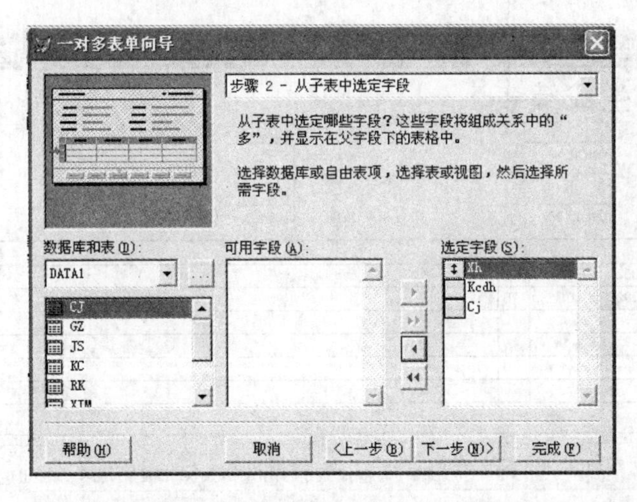

图 12-6　一对多表单向导——子表字段选择

(5) 确定表之间的关系，即选取建立关系的匹配字段。因为系统会自动地将表之间的永久性关系作为默认关系，所以直接单击“下一步”按钮，如图 12-7 所示。

(6) 选择表单的样式为“浮雕式”，选择按钮类型为“文本按钮”，结束时单击“下一步”按钮。

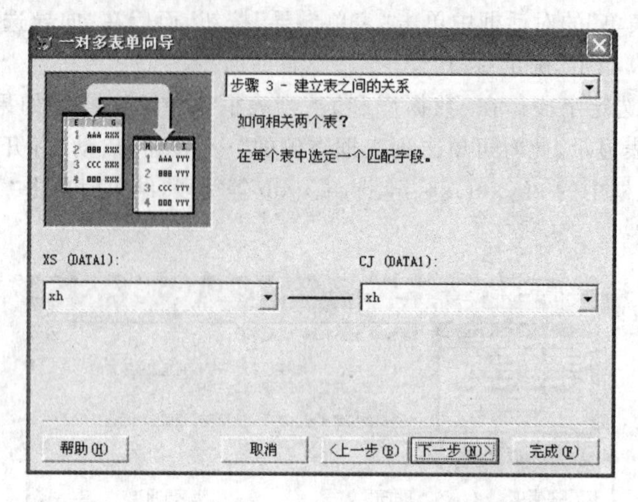

图 12-7 一对多表单向导——建立表之间的关系

(7) 选择排序次序,单击 xh 字段,"添加"按钮,选择"升序"复选框,结束时单击"下一步"。

(8) 在"请输入表单标题"文本框中输入标题"学生成绩表",单击"保存表单以备将来使用"复选框,而后单击"完成"按钮。

(9) 在"另存为"对话框的"保存表单"文本框中输入表单名 xscj_form,而后单击"保存"按钮。

(10) 运行表单。在"项目管理器"窗口中的"文档"选项卡中单击表单 xscj_form,而后单击"运行"按钮,运行结果如图 12-8 所示。

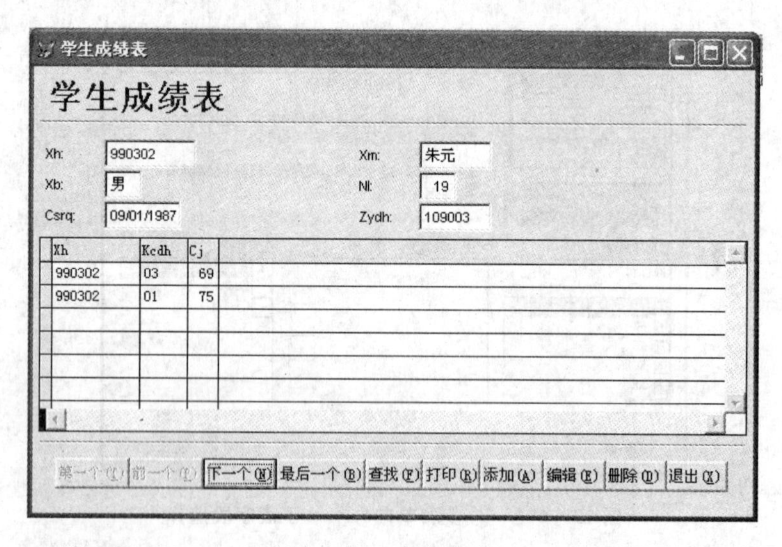

图 12-8 运行表单

3. 利用表单设计器修改表单

由表单向导生成的表单,其外观、形式、功能基本上固定,通常不能满足实际工作的需要。利用 VFP 系统提供的表单设计器,根据用户的需求,可以进行可视化的修改。

(1) 打开表单设计器

选择“项目管理器”窗口的“文档”选项卡下的“表单”项，单击右侧的“新建”按钮，在弹出的“新建表单”对话框中单击“新建表单”按钮，系统打开“表单设计器”窗口，如图 12-9 所示。

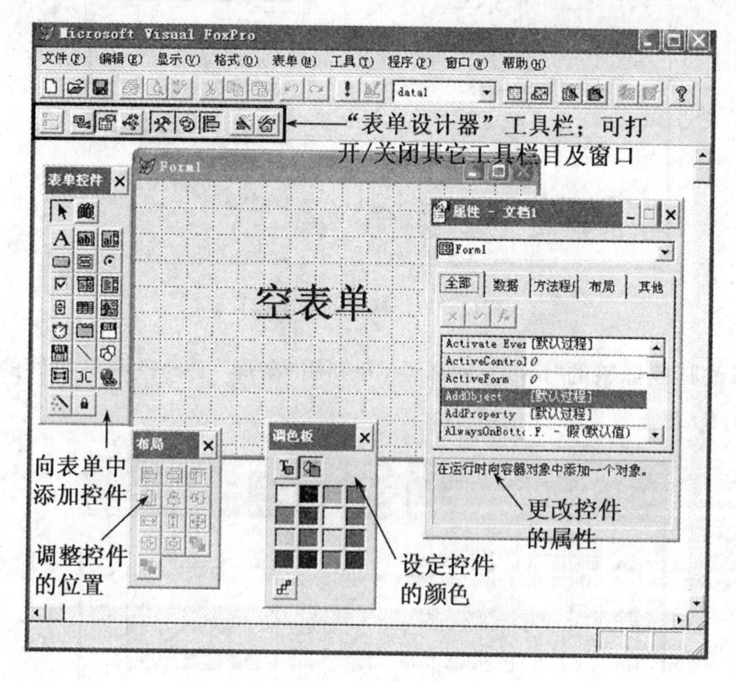

图 12-9 表单设计器窗口及其工具栏

(2) 利用表单设计器修改 xs_form 表单

第 1 步：在“项目管理器”中的“文档”选项卡下“表单”中选择“xs_form”，单击右侧的“修改”按钮，打开“表单设计器”窗口；

第 2 步：移动表单上控件的位置，去除“ssmz 控件”，修改后的表单如图 12-10 所示：

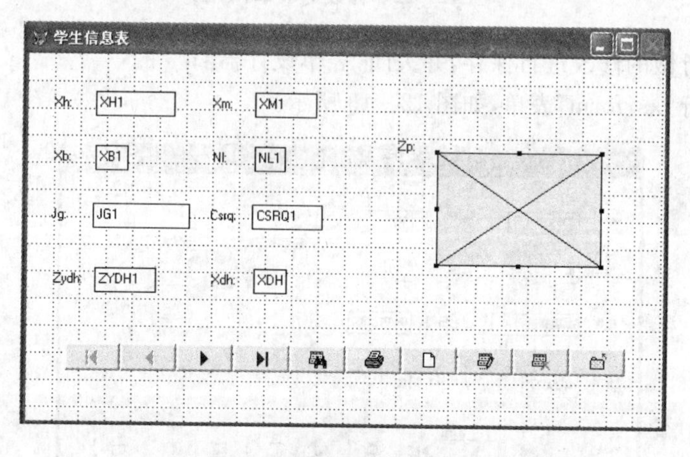

图 12-10 修改的表单(1)

第 3 步：用鼠标单击标签“xh:”，在属性窗口的列表框中选择“Caption”项，在列表框上方的编辑框中输入文本“学号”，如图 12-11 所示：

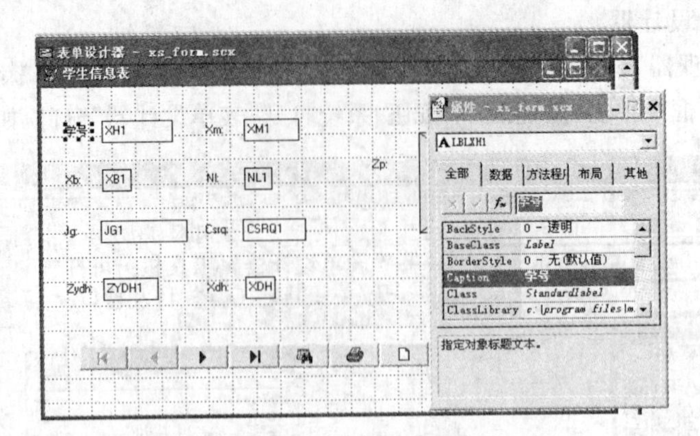

图 12－11　修改的表单(2)

第 4 步：修改其他标签的“Caption”属性，并利用“布局”工具栏调整控件的位置，修改后如图 12－12 所示；

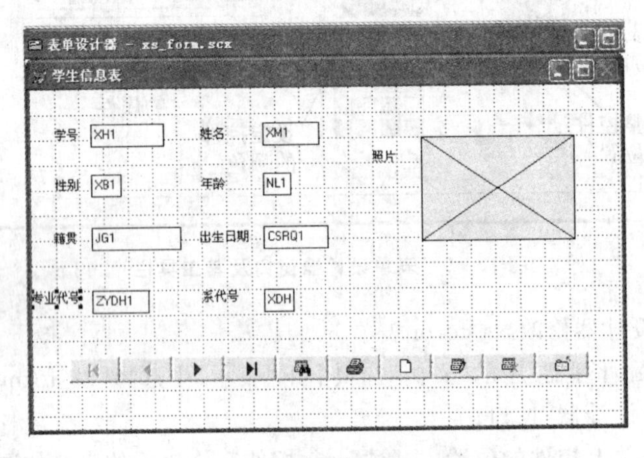

图 12－12　修改的表单(3)

第 5 步：对所做的修改进行保存，并关闭“表单设计器”；

第 6 步：运行“xs_form”表单，如图 12－13 所示。

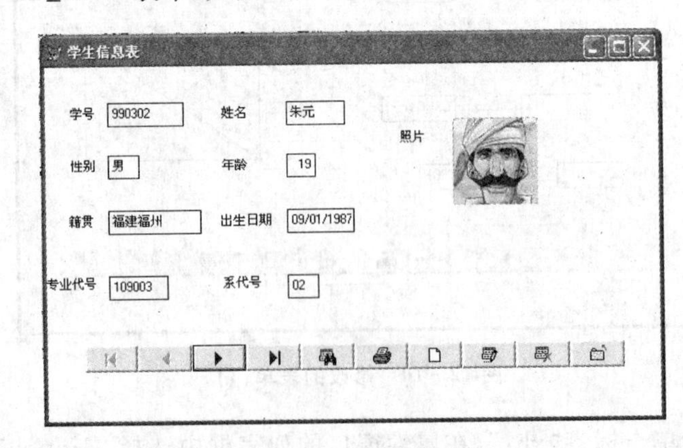

图 12－13　运行表单

4. 设置表单的数据环境

在利用表单向导创建表单的过程中，表的选取实际上就是为表单设置数据环境。若要查看和修改表单的数据环境，操作步骤如下：

(1) 在“项目管理器”的“文档”选项卡下“表单”中选择“xscj_form”，单击右侧的“修改”按钮，打开“表单设计器”窗口；

(2) 单击“表单设计器”工具栏上的“数据环境”按钮，屏幕会弹出“数据环境设计器-xscj_form. scx”窗口，如图 12－14 所示；

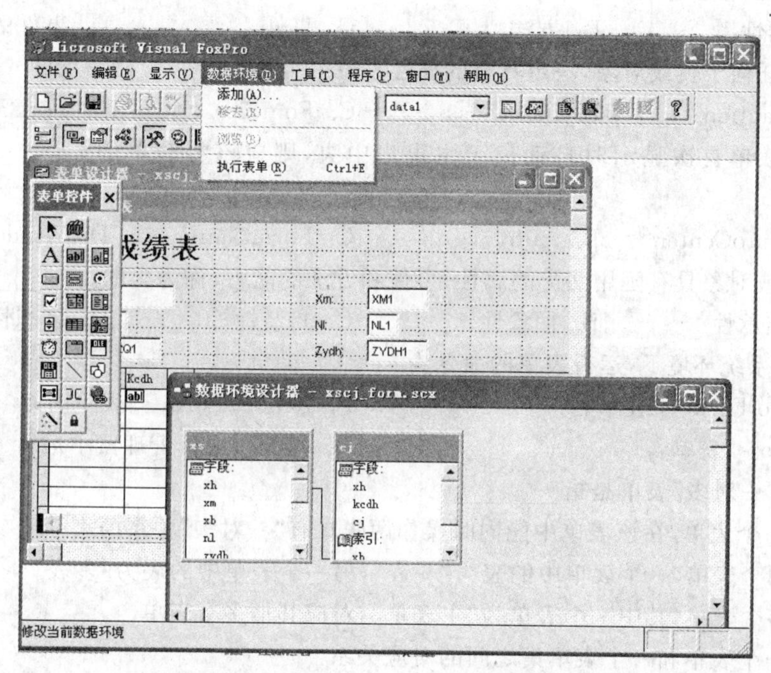

图 12－14　数据环境设计器的设置

(3) 利用“数据环境”菜单中的“添加”或“移去”命令可以向表单的数据环境增加或删除选定的表。

三、实验内容

注：设置 d:\vfp 为默认路径，并打开项目“jxgl. pjx”，涉及的表结构参见附录。

1. 利用“表单向导”基于 js 表创建单表表单 js_form. scx。
2. 利用“表单向导”基于 js 表和 rk 表创建一对多关系表单 jsrk_form. scx。
3. 利用“表单设计器”修改表单 js_form. scx 和 jsrk_form. scx。

四、课后练习

1. 数据环境泛指定义表单、表单集或报表时使用的数据源，数据环境中只能包括________。

A. 表、视图和关系　　B. 表
C. 表和关系　　D. 表和视图

2. VFP 中可执行的表单文件的扩展名是________。
A. SCT　　B. SCX　　C. SPR　　D. SPT

3. VFP 中类的最小事件集不包括________事件。
A. Load　　B. Init　　C. Destroy　　D. Error

4. 用户在 VFP 中创建子类或表单时，不能新建的是________。
A. 属性　　B. 方法　　C. 事件　　D. 事件的方法代码

5. 对于任何子类或对象，一定具有的属性是________。
A. Caption　　B. BaseClass　　C. FontSize　　D. ForeColor

6. 要让表单首次显示时自动位于主窗口中央，则应该将表单的________属性设置为.T.。
A. AutoCenter　　B. AutoSize　　C. FormCenter　　D. WindowCenter

7. 子类或对象具有延用父类的属性、事件和方法的能力，称为类的________。
A. 继承性　　B. 抽象性　　C. 封装性　　D. 多态性

8. VFP 系统环境下，运行表单的命令为________。
A. Do Form ＜表单名＞　　B. Report Form ＜表单名＞
C. Do ＜表单名＞　　D. 只能在项目管理器中运行

9. 所谓“一对多”表单是指________。
A. 一个表单，在该表单中能同时操作两张具有“一对多”关系的表
B. 两个表单，一个表单中的表为“一表”，另一个表单中的表为“多表”
C. 多个表单，其中一个表单为“主表单”，对应其他多个表单
D. 一个表单和一个表单集之间的对应关系

10. 如果一个表单的名为 frma，表单的标题为 form_a，表单保存为文件 forma，则在命令窗口中运行该表单的命令是________。

11. 使用表单设计器设计表单时，要对表单添加控件，应打开________工具栏。

12. 表单的数据环境包括了与表单交互作用的表和视图以及________。

实验 13　表单和控件 2

1. 掌握各种常用控件的用途。
2. 掌握常用控件的常用属性设置方法以及简单事件处理代码的编写方法。
3. 掌握常用表单的设计与制作。

知识点

控件是放在表单上用以显示数据、执行操作或使表单更易阅读的一种图形对象。

1. 控件与数据

根据控件与数据的关系，控件可分为绑定型控件和非绑定型控件。

绑定型控件(Bound Control)是指其内容与后端的表、视图或查询中的字段相关联的控件，在该控件中输入、修改或选择的值将保存在数据源中。

文本框、复选框、列表框、编辑框、选项按钮、选项组、微调框及表格等控件都可以与数据绑定。在这些控件中，RecordSource 属性可用于指定与表格控件相绑定的数据源，ControlSource 属性可用于指定除表格控件之外的其他控件所绑定的数据源。如果在设置控件属性时，没有设定 ControlSource 属性或 RecordSource 属性，则在控件中输入或修改的值在控件对象释放后将不会被保存。

非绑定型控件是指其内容不与后端的表、视图和查询中的字段相关联的控件。

2. 选择合适的控件

表单中控件的选择应根据所处理的任务进行选择，通常控件的应用可以分为以下几类：

(1) 输入类

- 利用文本框、编辑框、组合框等控件可以让用户输入预先不能确定的数据。
- 利用选项按钮组、列表框、下拉列表框、复选框等控件，可以为用户提供一组预先设定的数据选项。
- 利用微调框控件可以让用户输入给定范围的数值型数据。

(2) 输出类

- 利用标签、文本框、图形、图像、形状、线条等控件可以显示信息。

(3) 控制类

- 利用命令按钮或命令按钮组可以让用户进行特定的操作。
- 利用计时器控件可以在给定的时间间隔内执行指定的操作。

(4) 容器类

● 利用表格控件可以操作多行数据。

● 利用页框控件可以在表单中扩展表单的“面积”。

3. 常用控件的常用属性设置

(1) 标签(Label)

● Caption:标签的显示内容。

● BackStyle:指定标签的背景是否透明。

● Autosize:是否可以自动地调整标签的大小。

● WordWrap:确定标签上显示的文本能否换行。

● BorderStyle:设定标签是否带有边框。

(2) 文本框(TextBox)与编辑框(EditBox)

● ControlSource:指定与文本框绑定的数据源。

● Value:指定文本框当前显示的值。

● InputMask:指定控件中数据的输入格式和显示方式。

● Format:指定数据输入的限制条件和显示的格式。

● PasswordChar:接收数据时不显示实际输入的值,常用于输入口令等安全信息。

(3) 列表框(ListBox)和组合框(ComboBox)

● RowSourceType:指定数据源的类型。

● RowSource:指定数据源。

● ControlSource:指定用户从列表框中选择的值保存在何处。

● Style:设置组合框是否允许用户输入数据。

● ColumnCount:设置框中显示信息的列数。

● ColumnWidths:设置框中显示各列信息的宽度。

(4) 选项按钮组(OptionGroup)

● Caption:设置各个选项按钮的选项值。

● ButtonCount:设置选项按钮组中选项按钮的数目。

● Value:表示用户选定了哪一个选项按钮。

● ControlSource:指定与选项按钮组绑定的数据源。

(5) 复选框(CheckBox)

● ControlSource:指定与复选框绑定的数据源。

● Caption:设置复选框内显示的文字。

(6) 表格(Grid)

● RecordSource:设置表格的数据源。

● RecordSourceType:设置表格数据源的属性。

● ColumnCount:设置表格中的列数,若设为-1,表示表格的列数与链接表中字段个数相同。

● DeleteMark:指定在表格控件中是否出现删除标记列。

(7) 微调框(Spinner)

● ControlSource:指定与微调框绑定的数据源。

● Value:存储微调框所保存的数值。

- KeyBoardHighValue：指定从键盘输入微调框的最大值。
- KeyBoardLowValue：指定从键盘输入微调框的最小值。
- SpinnerHighValue：指定通过单击微调按钮输入的最大值。
- SpinnerLowValue：指定通过单击微调按钮输入的最小值。
- Increment：指定单击上箭头或下箭头时，微调框控件中数值的步长值。

(8) 命令按钮(CommandButton)与命令按钮组(CommandGroup)

- Caption：指定在命令按钮上显示的文本。
- Picture：指定命令按钮上显示的图片。
- Default：设置为.T.表示可按[Enter]键选择此命令按钮。
- Cancel：设置为.T.表示可按[Esc]键选择此命令按钮。
- ButtonCount：用于指定命令按钮组中命令按钮的数目。

(9) 计时器(Timer)

- Enable：设置计时器是否在表单加载时就开始工作。
- Interval：指定计时器控件的 Timer 事件之间的时间间隔，单位为毫秒。

(10) 线条(Line)与形状(Shape)

- BorderWidth：指定线条的线宽。
- BorderStyle：指定线条的线型。
- LineSlant：指定线条倾斜方向。

(11) 页框(PageFrame)

- PageCount：指定页框中包含的页面数，默认为 2。
- Tabs：确定页面"选项卡"是否可见。
- TabStyle：用于指定选项卡大小均相等且都与页框的宽度相同。
- BackColor：为每一页指定不同的颜色。

分析

注：设置 d:\vfp 为默认路径，并打开项目"jxgl.pjx"，涉及的表结构参见附录。

1. 标签、文本框、组合框控件的应用

(1) 单击"项目管理器"的"文档"标签页，选择"表单"项后，单击右侧的"新建"按钮，在弹出的"新建表单"对话框中选择"新建表单"按钮，启动"表单设计器"。

(2) 更改"Form1"表单的大小，利用"表单控件"工具栏上的标签控件向表单中添加标签控件，并将其 Name 属性设置为"Lb1"。将标签控件"Lb1"的 Caption 属性设置为"欢迎使用教学管理系统"，并设置 FontName 属性为黑体，FontSize 为 26，BackStyle 为"0－透明"，Autosize 属性设置为.T.，表单如图 13-1 所示。

(3) 向表单中再依次添加 3 个标签控件，并将其 Name 属性分别命名为"Lb2"、"Lb3"和"Lb4"，Caption 属性分别设为"用户名"、"口令"和"用户身份"，并将这 3 个标签控件的 FontName 属性为黑体，FontSize 为 16，BackStyle 为"0－透明"，将 Autosize 属性设置为.T.。

(4) 利用"表单控件"工具栏上的文本框控件向表单中添加 2 个文本框控件，设其 Name 属性分别为 Txt1 和 Txt2，FontSize 属性设为 16。将 Txt1 的 Format 属性设为"A"，表示在

图 13-1　标签控件的应用

该文本框中只允许输入字母字符。将 Txt2 的 PasswordChar 属性设置为星号“ * ”,则用户在该文本框中输入的任何字符都显示为星号,设计好的表单如图 13-2 所示。

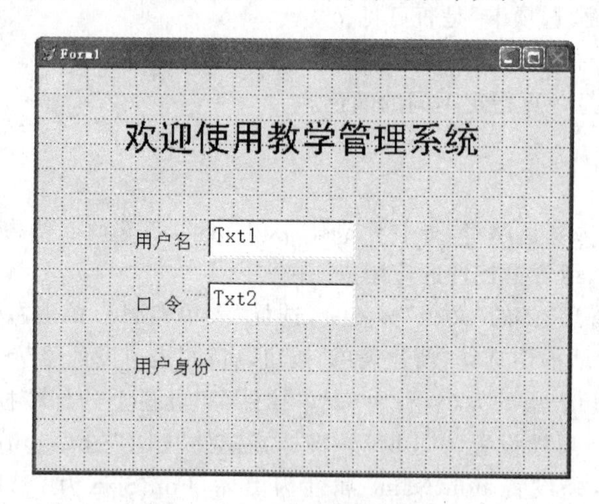

图 13-2　文本框控件的应用

(5) 利用“表单控件”工具栏上的组合框控件向表单中添加 1 个组合框控件,将其 RowSourceType 属性设置为“1—值”,RowSource 属性设置为“教师,学生”,并将 FontSize 设置为 16。

(6) 选择表单“Form1”,设置其 Caption 属性为“登录”,并将其保存为“登录. scx”,运行后如图 13-3 所示。

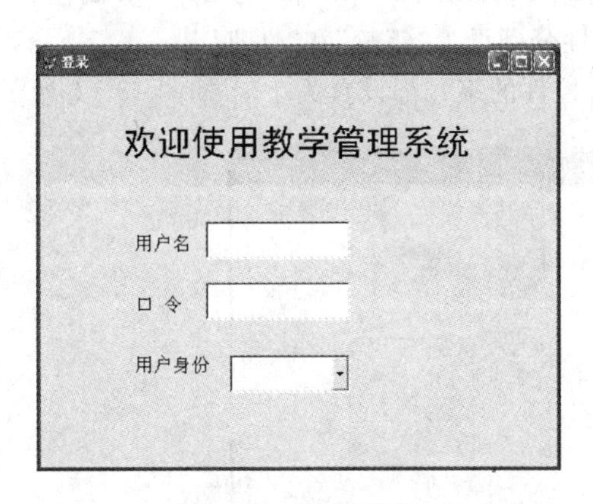

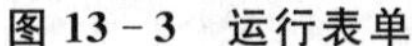
图 13－3　运行表单

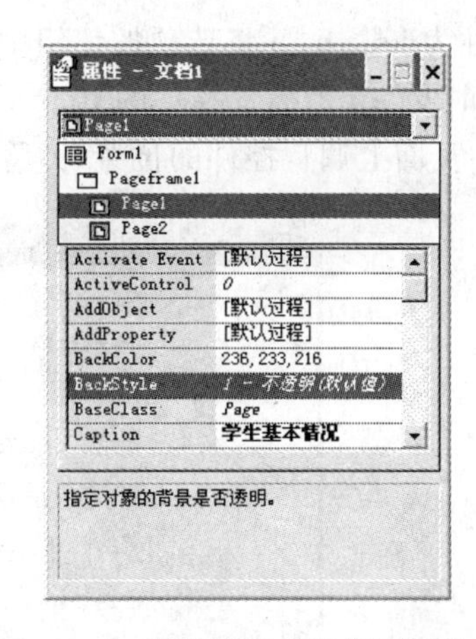

图 13－4　属性窗口中选择页框控件

2. 页框、表格控件、命令按钮的使用

(1) 单击“项目管理器”的“文档”标签页，选择“表单”项后，单击右侧的“新建”按钮，在弹出的“新建表单”的对话框中选择“新建表单”按钮，启动“表单设计器”。

(2) 更改“Form1”表单的大小，利用“表单控件”工具栏上的页框控件向表单中添加页框控件 Pageframe1，在属性窗口的对象列表框中选择 Page1，如图 13－4 所示。将其 Caption 属性设置为“学生基本情况”，然后将 Page2 的“Caption”设置为“成绩查询”，FontSize 都设为 12。

(3) 单击“表单设计器”工具栏上的“数据环境”按钮，打开“数据环境设计器”窗口，如图 13－5 所示。在弹出的“添加表或视图”的对话框中选择 xs 表和 cj 表添加到数据环境设计器中，关闭对话框。在数据环境设计器中，将 xs 表的 xh 字段拖动到 cj 表中相匹配的索引标识 xh 上，建立两表之间的一对多关系。

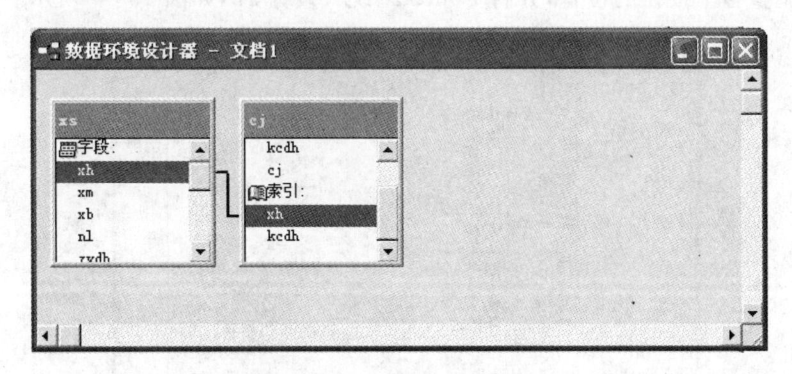

图 13－5　数据环境的设置

(4) 在数据环境设计器中将 xs 表的 xh、xm 和 zp 字段拖动到页框的 page1 页面上，系统会自动为每个字段分别创建一个标签和一个文本框或图片控件，并将文本框控件或图片控件的数据源与该字段绑定。修改标签的 Caption 属性分别为“学号”、“姓名”和“照片”。

(5) 利用“表单控件”工具栏，在表单上添加 2 个标签控件、1 个微调框控件和 1 个选项按钮组控件。设置微调框控件的 ControlSource 属性为 xs. nl，设置选项按钮组的 Control-

Source 属性为 xs. xb，并将选项按钮组中的对象 Option1 和 Option2 的 Caption 属性分别设置为“男”和“女”；2 个标签控件的 Caption 属性分别设为“年龄”和“性别”。

（6）在页面上调整控件的位置，并将所有控件的字号都设置为 12。如图 13－6 所示。

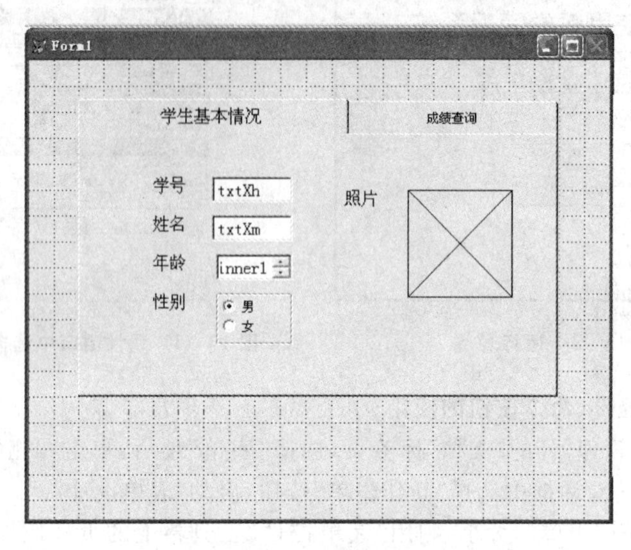

图 13－6　页面控件布局

（7）在属性窗口的对象列表框中选择 Page2，将数据环境设计器中的 cj 表拖动到页面上，系统会在页面自动创建一个表格控件，并将该控件的 RecordSource 属性设为 cj。

（8）利用“表单控件”工具栏，向表单中添加命令按钮组控件 CommandGroup1，设置其 ButtonCount 属性为 4，利用属性窗口的对象列表框分别选择其中的命令按钮 Command1、Command2、Command3 和 Command4，将其 Caption 属性为“上一条”、“下一条”、“第一条”和“退出”。调整各个按钮的位置，并将 FontSize 统一设为 12，如图 13－7 所示。

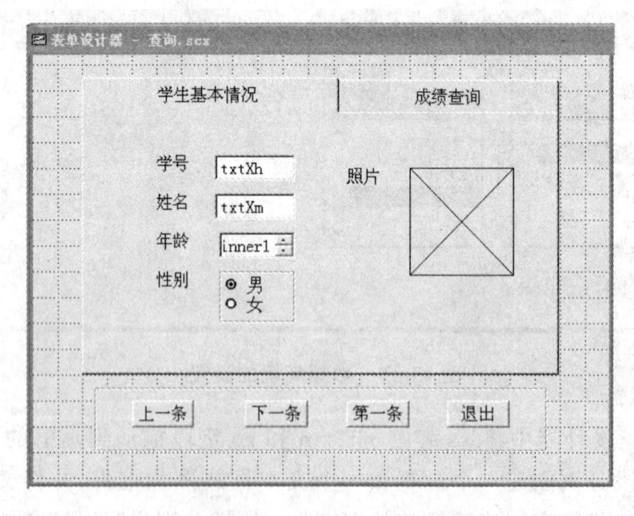

图 13－7　命令按钮组的使用

（9）双击命令按钮组控件 CommandGroup1，弹出窗口，在“过程”列表框中选择“Click”，在代码区输入：

```
Do Case
   Case This. Value=1
         If ! Bof()
            Skip -1
         Endif
   Case This. Value=2
         If ! Eof()
            Skip
         Endif
   Case This. Value=3
         Go Top
   Case This. Value=4
         Thisform. Release
Endcase
Thisform. Refresh
```

(10) 将表单的 Caption 属性设为“查询”，并将表单保存为“查询. scx”，运行表单如图 13-8、图 13-9 所示。

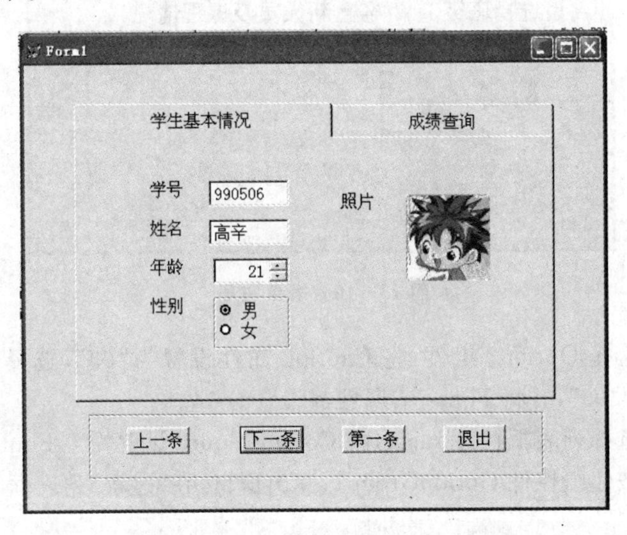

图 13-8　运行表单(学生基本情况页面)

3. 选项按钮组、列表框的使用

(1) 单击“项目管理器”的“文档”标签页，选择“表单”项后，单击右侧的“新建”按钮，在弹出的“新建表单”的对话框中选择“新建表单”按钮，启动“表单设计器”。

(2) 更改“Form1”表单的大小，利用“表单控件”工具栏上的标签控件、选项按钮组控件和列表框控件分别向表单中添加控件。设置标签控件的字体字号，将选项按钮组控件 OptionGroup1 的 ButtonCount 属性设置为 3，表单布局如图 13-10 所示。

(3) 在属性窗口的对象列表框中选择 OptionGroup1 控件的 Option1 组件，将 Caption

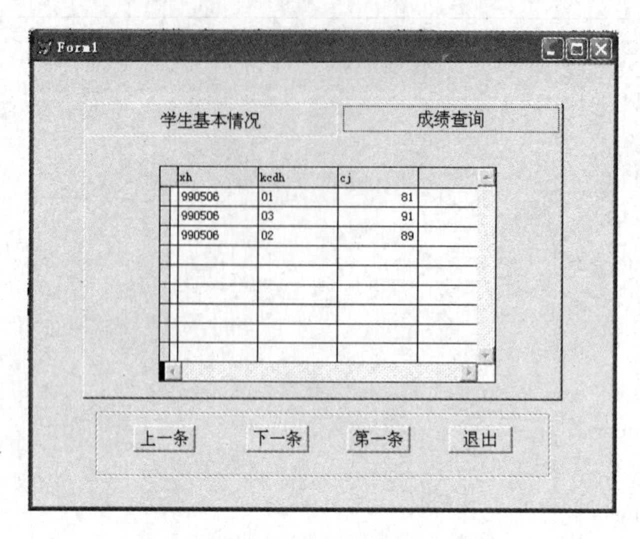

图 13-9　运行表单(成绩查询页面)

图 13-10　表单布局

属性设置为“02”，选择 Option2 组件，将 Caption 属性设置为“03”，选择 Option3 组件，将 Caption 属性设置为“05”，并将 Fontsize 属性都设置为 14。

（4）在表单上选择列表框控件 List1，将 ColumnCount 设置为 4，FontSize 设置为 14。

（5）双击选项按钮组控件 OptionGroup1，弹出窗口，在“过程”列表框中选择“Click”，在代码区输入：

```
Do Case
    Case This. Value=1
      bj="02"
    Case This. Value=2
      bj="03"
    Case This. Value=3
      bj="05"
```

```
Endcase
Thisform.List1.RowSourceType=3
Thisform.List1.RowSource="Select xs.xh,xs.xm,kc.kcm,cj.cj From xs,kc,cj ;
                Where xs.xh=cj.xh And cj.kcdh=kc.kcdh And cj.cj<60;
                Having SubStr(xs.xh,3,2)=bj Into Cursor temp"
Thisform.List1.Requery
```

(6) 将表单保存为“重修查询.scx”，运行表单，如图 13－11 所示。

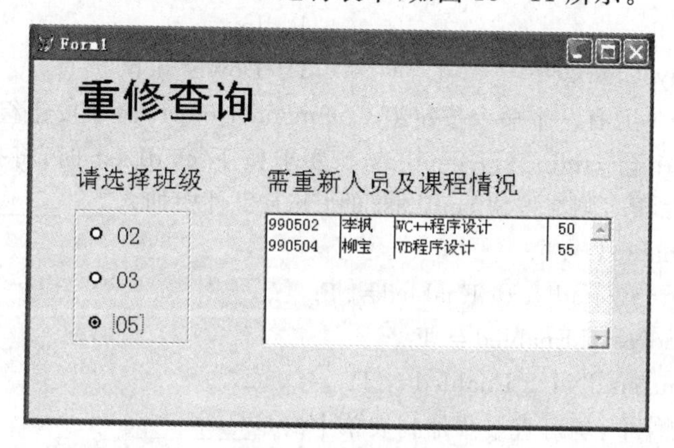

图 13－11 运行表单

三、实验内容

注：设置 d:\vfp 为默认路径，并打开项目“jxgl.pjx”，涉及的表结构参见附录。

设计一张表单，要求能浏览学生的基本信息及该学生的成绩信息，样式如图 13－12 所示。

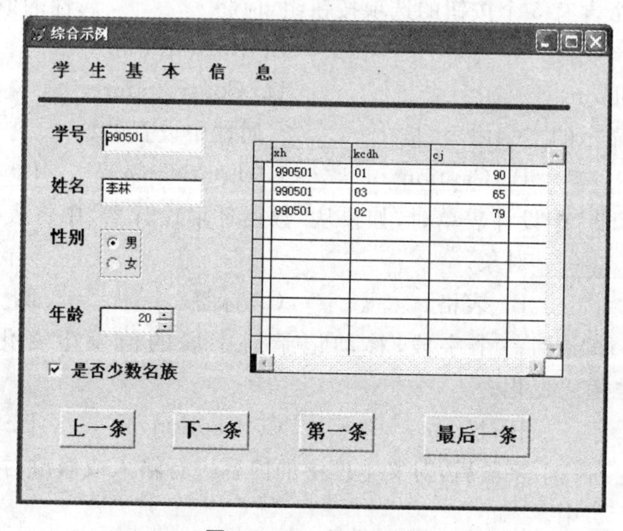

图 13－12 综合示例

四、课后练习

1. 要让表单首次显示时自动位于主窗口中央，则应该将表单的________属性设置为.T.。

A. AutoCenter　　B. AutoSize

C. FormCenter　　D. WindowCenter

2. 当用鼠标使组合框的内容发生变化时，将首先触发________事件。

A. Click　　B. Init

C. InteractiveChange　　D. DownClick

3. 某表单 FrmA 上有一个命令按钮组 CommandGroup1，命令按钮组中有 4 个命令按钮：cmdTop，cmdPrior，cmdNext，cmdLast。要求按下 cmdLast 时，将按钮 cmdNext 的 Enabled 属性设置为.F.，则在按钮 cmdLast 的 Click 事件中加入________命令。

A. This.Enabled=.F.

B. This.Parent.cmdNext.Enabled=.F.

C. This.cmdNext.Enabled=.F.

D. Thisform.cmdNext.Enabled=.F.

4. 下列几组控件中，均可直接添加到表单中的是________。

A. 命令按钮组、选项按钮、文本框　　B. 页面、页框、表格

C. 命令按钮、页框、编辑框　　D. 文本框、列、标签

5. 关于表格控件，下列说法中不正确的是________。

A. 表格的数据源可以是表、视图、查询

B. 表格中的列控件不包含其他控件

C. 表格能显示一对多关系中的子表

D. 表格是一个容器对象

6. 若要建立一个含有 5 个按钮的选项按钮组，应将________属性的值改为 5。

A. OptionGroup　　B. ButtonCount

C. BoundColunm　　D. ControlSource

7. 命令按钮中显示的文字内容，是在________属性中设置的。

A. Name　　B. Caption　　C. FontName　　D. ControlSource

8. 在"表单设计器"中设计表单时，如果从"数据环境设计器"中将表拖放到表单中，则表单将会增加一个________对象。

A. 表单　　B. 表格　　C. 标签　　D. 文本框

9. 将某个控件绑定到一个字段，移动记录后字段的值发生变化，这时该控件的________属性的值也随之变化。

A. Value　　B. Name　　C. Caption　　D. 没有

10. 文本框绑定到一个字段后，对文本框中的内容进行输入或修改时，文本框中的数据将同时保存到________中。

A. Value 和 Name　　B. Value 和该字段

C. Value 和 Caption　　　　　　　　　　D. Name 和该字段

11. 要使标签(Label)中的文本能够换行,应将________属性设置为.T.。

12. 文本框绑定一个字段后,文本框中输入或修改的文本将同时保存到________属性和________中。

13. ComboBox 下拉列表可以是包含多个列的列表,在属性________中设置列数,在属性________中指定绑定的列号,使属性 Value 和绑定数据源从这一列取选定值,此外行数据的来源和类型,也必须给出多个列的数据。

14. 在某文本框中输入一串字符串"Foxpro",但显示在文本框的字母却是 6 个"*"字符,这是由于把文本框的________属性设置"*",此时,文本框的 Value 属性值是________。

15. 有一表单 FrmA,该表单中包含一个页框 PgfB,页框中包含的页面数不确切,在刷新表单时,为了刷新页框中的所有页面,可以在页框 PgfB 的 Refresh 方法中编写一段 FOR 循环结构的代码实现,请完善如下代码:

```
For i=1 To This.________
    This.________________.Refresh
Endfor
```

实验 14　报表

一、实验目的

1. 掌握使用报表向导创建报表的方法。
2. 掌握报表数据环境的设置方法。
3. 掌握利用报表设计器修改或创建报表的方法。

二、实验准备

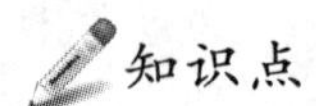

知识点

报表(Report)用于在打印文档中显示或总结数据。报表的数据源通常是表、视图、查询、临时表等,与表单设计器一样,数据源也可由数据环境设计器来管理。报表的布局定义了报表的打印格式。

报表的定义可以存储在扩展名为.frx的报表文件中,且每个报表文件还有一个相关的扩展名为.frt的报表备注文件。报表文件指定了报表的数据源,需要打印的文本以及布局信息等。

报表布局的常规类型有:

列报表:报表中每行打印一条记录数据。

行报表:报表中多行打印一条记录数据。

一对多报表:用于打印具有一对多关系的多表数据。

多栏报表:报表中每行可打印多条记录的数据。

分析

注:设置 d:\vfp 为默认路径,打开"jxgl.pjx"项目,涉及的表结构参见附录。

VFP 提供的创建报表的方法:

1. 利用"报表向导"创建简单的单表或多表报表

a. 创建单表报表

(1) 在"项目管理器"窗口中选择"文档"标签页下的"报表",然后单击"新建"命令按钮,在弹出的"新建报表"对话框中单击"报表向导"。

(2) 在"向导选取"对话框中选择"报表向导",单击"确定"按钮,如图 14－1 所示。

(3) "报表向导"的步骤 1——字段选取:选取 xs 表中的 xh,xm,xb,csrq,zydh 等字段,如图 14－2 所示。

(4) "报表向导"的步骤 2——分组记录:分组依据选择 zydh。

(5) "报表向导"的步骤 3——选择报表样式:选取"帐务式"。

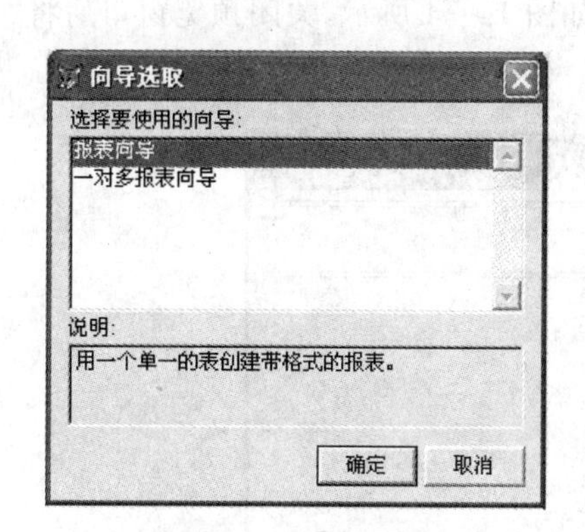

图 14-1 报表向导

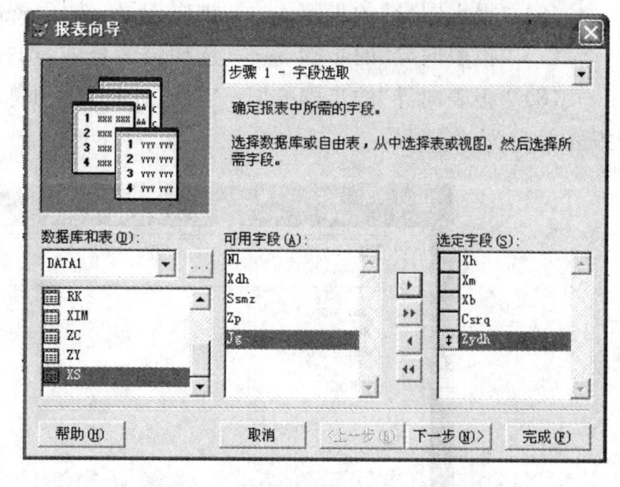

图 14-2 报表向导——字段选取

(6) “报表向导”的步骤 4——定义报表布局:选择默认值。

(7) “报表向导”的步骤 5——排序记录:选择以 xh 字段排序且为升序。

(8) “报表向导”的步骤 6——完成:先选择“预览”,如图 14-3 所示,关闭预览窗口后将报表保存为 xszy. frx。

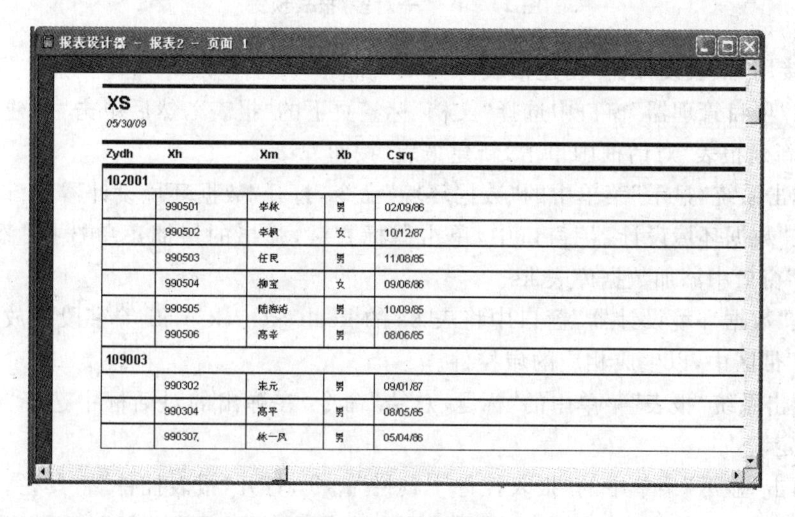
报表设计器 - 报表2 - 页面 1

XS
05/30/09

Zydh	Xh	Xm	Xb	Csrq
102001				
	990501	李林	男	02/09/86
	990502	李枫	女	10/12/87
	990503	任民	男	11/08/85
	990504	柳宝	女	09/06/86
	990505	陆海涛	男	10/09/85
	990506	高辛	男	08/06/85
109003				
	990302	宋元	男	09/01/87
	990304	高平	男	08/05/85
	990307	林一风	男	05/04/86

图 14-3 报表预览

b. 创建一对多报表

(1) 在“项目管理器”窗口中选择“文档”标签页下的“报表”,然后单击“新建”命令按钮,在弹出的“新建报表”对话框中单击“报表向导”。

(2) 在“向导选取”的对话框中选择“一对多报表向导”,单击“确定”按钮。

(3) “报表向导”的步骤 1——父表字段选取:选取 xs 表中的 xh,xm 和 zydh 等字段。

(4) “报表向导”的步骤 2——子表字段选取:选取 cj 表中的 kcdh,cj 等字段。

(5) “报表向导”的步骤 3——为表建立关系:以默认值为准(在数据库中已建立永久性关系)。

(6)“报表向导”的步骤 4——排序记录:选择 zydh,xh 字段升序排序。

(7)“报表向导”的步骤 5——选择报表样式:选择“经营式”。

(8)“报表向导”的步骤 6——完成:先选择“预览”,如图 14-4 所示,关闭预览窗口后将报表保存为 xscj. frx。

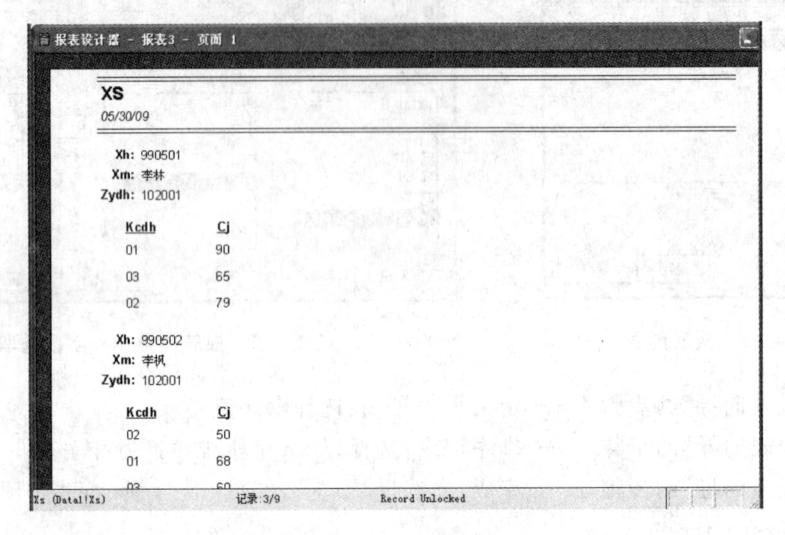

图 14-4 “一对多”报表预览

2. 直接用“报表设计器”创建报表

(1) 在“项目管理器”窗口中选择“文档”标签页下的“报表”,然后单击“新建”命令按钮,在弹出的“新建报表”对话框中单击“新建报表”按钮。

(2) 单击系统“显示”菜单中的“数据环境”命令,打开“数据环境设计器”窗口。

(3) 在“数据环境设计器”窗口中,单击鼠标右键,弹出的快捷菜单选择“添加”命令向“数据环境”窗口中添加数据库表 ks。

(4) 从“数据环境设计器”窗口中将表 ks 的 kcdh,kcm,kss,xf 等字段拖放到报表设计区的“细节”带区中,以生成相应的域控件。

(5) 单击系统“报表”菜单中的“标题/总结”命令,在弹出的对话框中选择“标题带区”,并单击“确定”。

(6) 单击“显示”菜单中的“报表控件工具栏”命令,打开“报表控件”工具栏。

(7) 单击“报表控件”工具栏上的标签按钮,向报表的“标题”带区和“页标头”带区添加标签控件,通过系统的“格式”菜单,设置字体字号,如图 14-5 所示。

(8) 单击“报表控件”工具栏上的线条或形状按钮,向“页标头”带区利用鼠标拖放生成线条。

(9) 单击“报表控件”工具栏上的域控件按钮,向“细节”带区利用鼠标拖放添加域控件,在系统打开“报表表达式”对话框中的“表达式”框中,输入“kss+Int(kss * 0.1)”,如图 14-6 所示。

(10) 向“页注脚”带区添加域控件,域控件表达式为“"第"+Allt(Str(_pageno))+"页"”。

(11) 以“ksqk. frx”保存报表,预览报表,如图 14-7 所示。

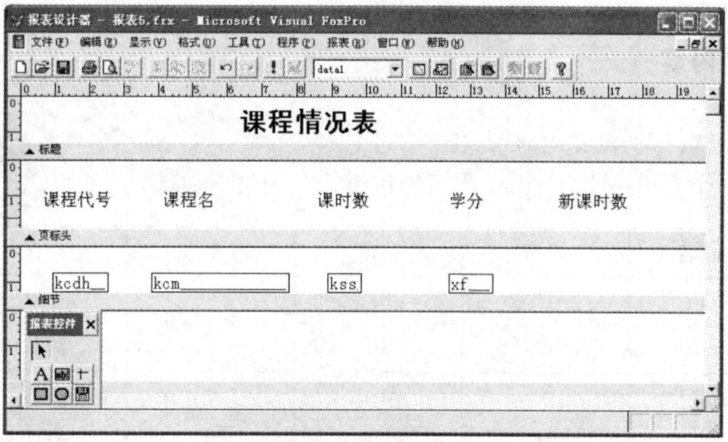

图 14－5　报表设计

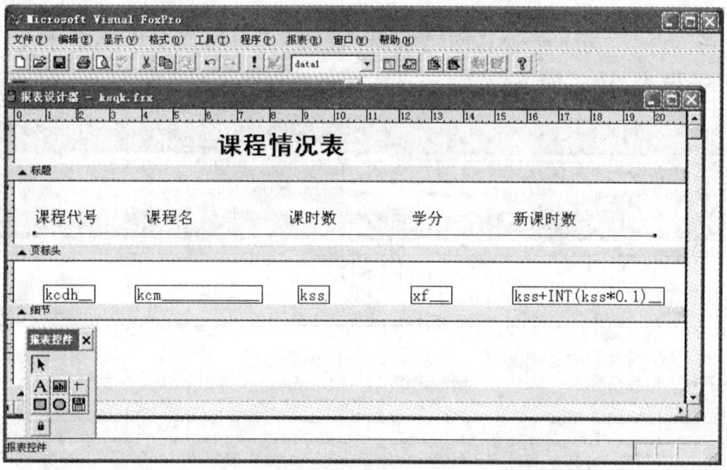

图 14－6　域控件设置

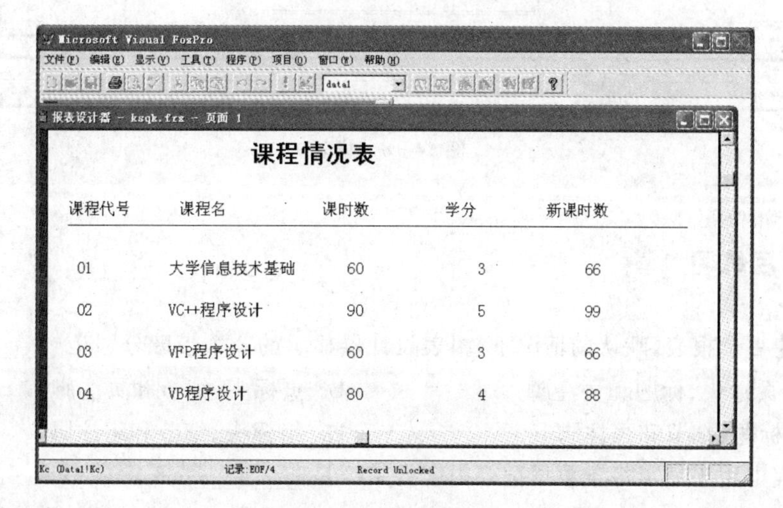

图 14－7　报表预览

三、实验内容

注:设置 d:\vfp 为默认路径。

1. 创建一个自由表文件 spxs(商品销售表),其表结构如下:

字段名	类型	宽度	小数位	含义
spbh	C	8		编号
spmc	C	20		商品名称
spjj	N	10	2	商品进价
spsj	N	10	2	商品售价
xssl	N	5		销售数量

根据表达式"(spsj-spjj) * xssl"创建索引,表的数据自定,要求不少于 10 条记录。

2. 生成一张报表,样式如下:

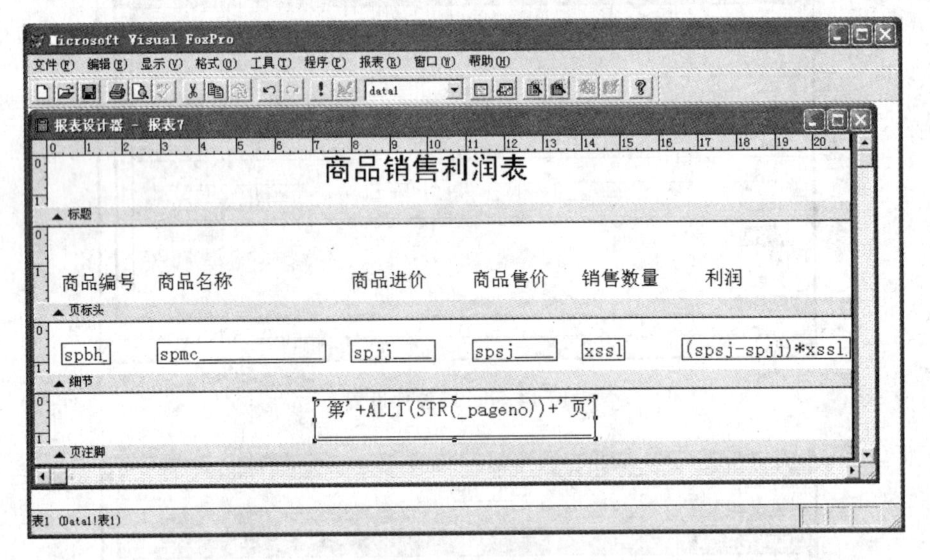

图 14-8 样表

四、课后练习

1. 新建一个报表,默认的情况下,报表设计器显示的 3 个带区分别是________。
   A. 页标头、标题和页注脚　　B. 页标头、细节和页注脚
   C. 标题、细节和页注脚　　D. 组标头、细节和组注脚
2. 报表中用于显示每条数据记录内容的带区是________带区。
   A. 组标头　　B. 细节　　C. 组注脚　　D. 页注脚
3. 在 VFP 中创建报表时,可以创建分组报表。系统规定,最多可以选择________层分

组层次。

A. 1　　　　B. 2　　　　C. 3　　　　D. 4

4. 在 VFP 报表设计器中,报表的带区最多可以分为________个。

A. 3　　　　B. 5　　　　C. 7　　　　D. 9

5. 报表用于在打印文档中显示和总结数据。定义报表有两个要素:报表的________与报表的________。前者定义了报表中显示的内容,后者定义了________。

6. 在 VFP 的报表设计器中,可以通过添加一个域控件来打印报表的页码。如果页码由系统自动生成,则在该域控件中填入的表达式必须包含系统变量________。

7. 在 VFP 中,位于________和________带区中的信息仅在整个报表的输出中输出一次。

实验 15　菜单设计

一、实验目的

1. 掌握菜单的设计方法。
2. 掌握菜单程序的生成和运行方法。

二、实验准备

知识点

1. 概念

菜单是一个供用户选择系统功能的清单，它将应用系统提供的主要功能以列表形式在屏幕上显示和选择。菜单有两种：普通菜单、快捷菜单。普通菜单(简称"菜单")是位于整个应用系统主窗口或某个表单顶部的菜单栏，用来完成系统的主要功能。快捷菜单是当用户在选定对象上单击鼠标右键时弹出的菜单，一般用来完成一些特殊的功能。

2. 菜单设计步骤

第 1 步：规划与设计菜单系统；

第 2 步：创建菜单和子菜单；

第 3 步：为菜单指定任务；

第 4 步：生成菜单程序；

第 5 步：预览菜单系统；

第 6 步：运行及测试菜单系统。

3. 菜单的设计方法

创建菜单的大量工作是在"菜单设计器"中完成的，系统提供两种菜单设计器："菜单设计器"、"快捷菜单设计器"。

分析

注：设置 d:\vfp 为默认路径。

1. 启动菜单设计器

方法一：在项目管理器窗口中，选择"其他"选项卡"菜单"项→"新建"。

方法二：利用菜单"文件"→"新建"，或工具栏上的"新建"按钮。

方法三：命令方式：CREATE MENU。

使用上述方法将出现"新建菜单"对话框，在该对话框中单击"菜单"按钮，则打开"菜单设计器"用于创建普通菜单；单击"快捷菜单"按钮，打开"快捷菜单设计器"用于创建快捷菜单。

2. 创建普通菜单

【例】创建如图 15－1 所示的菜单。

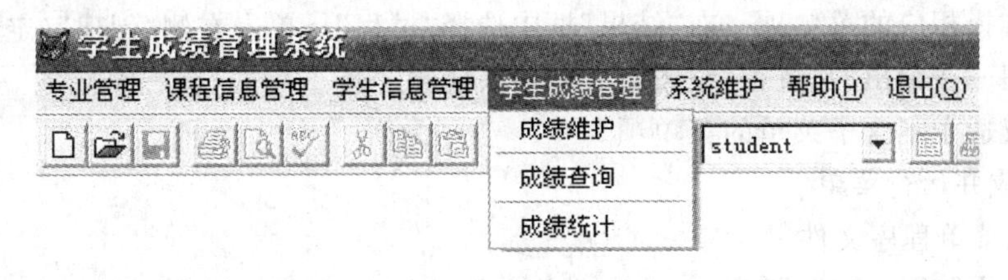

图 15－1　菜单结构

(1) 创建主菜单

第 1 步：在“菜单设计器”窗口中，选择“菜单名称”栏，依次输入图 15－1 中显示的主菜单项。

第 2 步：菜单项访问键的设置，可以在欲设定为访问键的字母左侧加上“\<”即可，如“帮助(\<H)”。

第 3 步：菜单项的快捷键的设置。选择要定义的菜单项，单击右侧“选项”按钮打开“提示选项”对话框，在“键标签”框中同时按下一组合键(注意：不是逐个字母地输入)即可。还可以在“键说明”框中输入菜单旁出现的提示文字。

【提示】使用快捷键可以在不显示某菜单的情况下直接选择此菜单下的一个菜单项。快捷键一般用 Ctrl 或 Alt 键与一个字母构成组合键，但 Ctrl＋J 无效(VFP 系统常用该组合键关闭对话框)。

(2) 创建子菜单

第 1 步：在菜单设计器中，选择需要设计子菜单的菜单项，在“结果”栏选择“子菜单”，再单击其后的“创建”按钮，在随后打开的对话框中选择“菜单名称”栏，依次输入子菜单项并设置相关的快捷访问键。

第 2 步：为增强菜单的可读性，可以使用分隔线将内容相关的子菜单项分隔成组。在需要插入分隔线的位置插入一个新的菜单项，“菜单名称”栏中输入“\－”。在菜单运行时该菜单项位置将显示为一行分组线。

(3) 启用或废止菜单项

可以通过设置使得有些菜单在一定的条件下被废止(一般呈灰色)，即不可用。

例如：在图 15－1 所示的菜单中，“成绩维护”菜单只对管理员和教师用户启用，即对“学生”用户废止“成绩维护”子菜单项。选择该菜单项，单击右侧“选项”按钮，在打开的“提示选项”对话框中，选择“跳过”，输入逻辑表达式：uselevel<>"系统管理员"and uselevel<>"教师"即可(uselevel 变量中记录的是用户的权限级别)。若“跳过”框中输入“. F. ”，则该菜单项将被无条件废止；若“跳过”框缺省表达式，则任何菜单都不会被废止。

(4) 为菜单指定任务

① 命令

操作：选择相应的菜单项→在“结果”框中选择“命令”→在其右侧框中输入命令。

说明：只能是一条命令，命令行包含的文件名必须包含完整路径。

例如：要给图 15－1 中的“退出”主菜单指定命令，则选择“退出”菜单项→在其“结果”框中选择“命令”→在右侧框中输入“Quit”。

② 过程

操作：选择相应的菜单项→在“结果”框中选择“过程”→单击右侧“创建”(定义过则变成“编辑”)按钮→在弹出的“过程”编辑窗口中输入代码。

说明：仅适于不含子菜单的菜单项。

(5) 生成并运行菜单

① 生成菜单程序文件

方法一：在“项目管理器”窗口，选中菜单文件→单击“运行”按钮。

方法二：在“菜单设计器”窗口，选择系统菜单“菜单”|“生成”。

采用第一种方法时，系统在运行菜单前自动生成菜单程序文件(.mpr)和编译后的菜单程序文件(.mpx)。其中，菜单程序文件(.mpr)和程序文件(.prg)一样，是由 VFP 系统所生成的文本文件，可以使用程序编辑器进行编辑。

② 运行菜单程序文件

设计好菜单并生成菜单程序文件后，选择系统菜单“程序”|“运行…”。菜单程序运行后，系统又将产生一个同名的编译后的程序文件(.mpx)。

【提示】菜单在做过修改后要重新“生成”再运行，才会起到效果。

3. 创建快捷菜单

在“新建菜单”对话框中选择“快捷菜单”，打开“快捷菜单设计器”(图 15-2)，按普通菜单的方式设计快捷菜单，“生成”并保存快捷菜单。

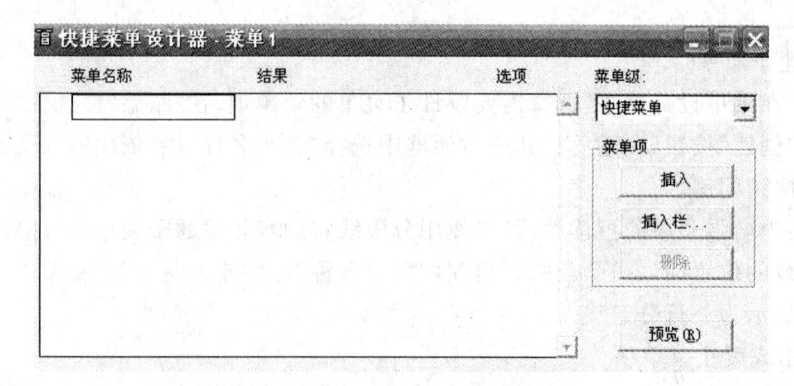

图 15-2 快捷菜单设计器

快捷菜单一般通过表单或控件的 RightClick 事件代码运行的，如添加如下形式的 DO 命令(如图 15-3 所示)：

Do ＜菜单程序＞.mpr

图 15-3 RightClick 事件

4. 在子菜单中插入系统菜单栏

在子菜单中，除了可以自定义菜单项外，还可以把 VFP 系统菜单栏的菜单项插入到子菜单中，称为“插入栏”。

第 1 步：将光标定位到待插入的子菜单项，选择菜单项“菜单”下的“插入栏”子菜单。

第 2 步：在弹出的“插入系统菜单栏”对话框（图 15－4）中选择需要的系统菜单项，点击“插入”按钮即可。

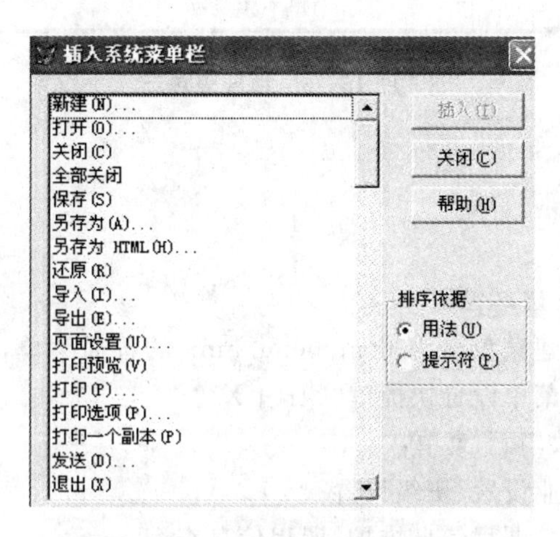

图 15－4　“插入系统菜单栏”对话框

5. 创建 SDI 菜单

第 1 步：打开菜单设计器，按需求设计主菜单项及子菜单。

第 2 步：选择系统菜单中的“显示”项，选择其子菜单“常规选项”，打开“常规选项”对话框，如图 15－5 所示。

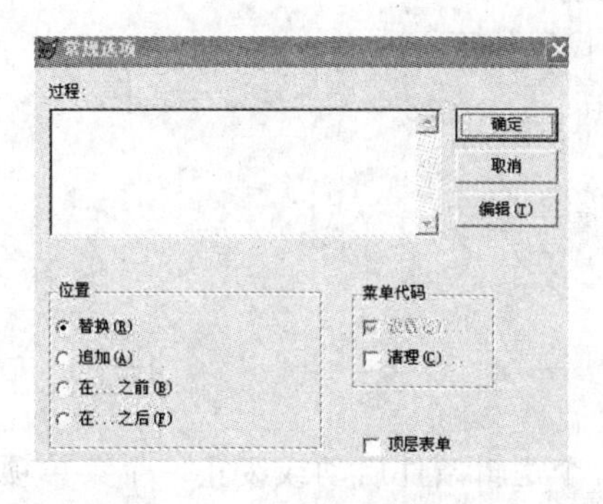

图 15－5　“常规选项”对话框

第 3 步：在图 15－5 所示对话框中选中“顶层表单”复选框，“生成”菜单并保存，SDI 菜单创建完毕，此时该菜单不能够单独运行。

第 4 步：将 SDI 菜单附加到顶层表单。在表单设计器中将表单的 ShowWindow 属性设置为“2－作为顶层表单”，为该顶层表单的 Init 事件添加如下形式的代码，如图 15－6 所示：

Do ＜菜单程序文件名＞ With This，.T.

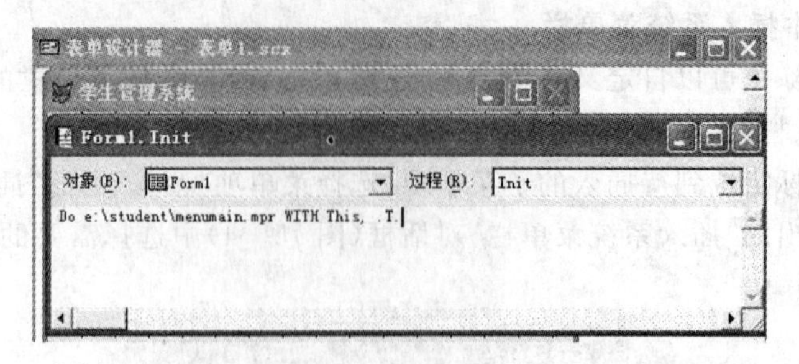

图 15-6 顶层表单

三、实验内容

注：设置 d:\vfp 为默认路径。

1. 参考图 15-1，创建菜单名为 mainmenu.mnx 的普通菜单，并为相关菜单设置访问键和快捷键，如为“退出”菜单设置快捷键“Ctrl＋X”。

2. 为各菜单项设计如下子菜单：

专业管理子菜单：专业设置、班级设置。

课程信息管理子菜单：课程信息维护、课程信息查询。

学生信息管理子菜单：学生信息维护、学生信息查询。

学生成绩管理子菜单：成绩维护、成绩查询、成绩统计。

系统维护子菜单：用户管理、数据备份、系统初始化。

3. 在学生成绩管理子菜单中的“成绩维护”和“成绩查询”后各插入一分组线。

4. 为菜单项指定执行任务。

为“退出”菜单设置过程代码如下：

```
Set Sysmenu To Default
Clear Events
```

5. 生成并运行菜单。

四、课后练习

1. 如何在运行时根据一个逻辑条件启动或废止一个菜单项？

2. 简述将菜单添加到顶层表单中的步骤。

实验 16　综合实验

一、实验目的

1. 熟练掌握前面所学知识。
2. 通过本实验的练习，综合应用前面各章的各类操作，提高实际应用能力。

二、实验准备

1. 在 D 盘 VFP 目录下建立一项目文件 test，并建立学生成绩管理数据库 sjk，在学生成绩管理数据库中建立如下表：学生信息表 studtab. dbf、课程表 coursetab. dbf、成绩表 scoretab. dbf。结构如下：

学生信息表 studtab. dbf

字段名	字段类型与长度	标题
sno	C(12)	学号
sname	C(10)	姓名
ssex	C(2)	性别
birth	D	出生日期
native	C(20)	籍贯
major	C(20)	专业
photo	G	照片
others	M	备注

课程表 coursetab. dbf

字段名	字段类型与长度	标题
cno	C(8)	课程号
cname	C(20)	课程
option	C(6)	课程性质
credit	N(3,1)	学分
chour	N(2)	课时
term	C(1)	开课学期

成绩表 scoretab. dbf

字段名	字段类型与长度	标题
sno	C(12)	学号
cno	C(8)	课程号
scores	N(5,1)	成绩

2. 在项目 test 中设计一菜单 menu，如图 16－1 所示。

图 16－1　菜单

3. 在项目 test 中建立一表单 fstu，功能为实现学生信息的查询。如图 16－2 所示。

学生信息查询

高级查询　　退 出

学号	姓名	性别	出生日期	籍贯	专业	班号	备注	照片
14223080101	李梅	女	90.11.11	江苏省南京	计算机	080201		
1423080910	Tom	男	90.01.01	江苏省南京	计算机	080201		
14223080601	Mary	女	. .	江苏省南京	计算机	080201		

图 16－2　表单

三、实验内容

注：设置 d:\vfp 为默认路径。

1. 项目、数据库和表操作

打开前面已经建立的项目文件 test。

(1) 按要求修改 sjk 中课程表(coursetab)的结构：

- 将课程名(cname)的标题设置为“课程名”；
- 设置开课学期(term)的有效性规则：大于等于 1，且小于等于 8；
- 设置课程表(coursetab)的记录级有效性规则：chour 大于或等于 credit；
- 给课程号(cno)设置输入掩码：只接收 8 个数字字符；
- 为课程表(coursetab)添加表注释：课程基本信息表；
- 为课程表(coursetab)创建一普通索引 cterm，要求先按 term 字段排序，当出现相同值时按 credit 字段排序。

(2) 为课程表(coursetab)创建主索引 cnoidx,索引表达式为 cno;为成绩表(scoretab)创建普通索引 scoreidx,索引表达式为 cno。

(3) 以课程表(coursetab)为主表,成绩表(scoretab)为子表,基于 cno 字段建立永久关系,并设置课程表(coursetab)和成绩表(scoretab)之间的参照完整性:在成绩表(scoretab)中输入记录时,若 cno 在课程表(coursetab)中不存在,则不允许插入。

2. 设计查询

查询至少选修了两门学分大于 2 的课程的学生。要求输出字段包含姓名、学号、课程名、学分和平均成绩,输出结果按平均成绩降序排序,相同时再按学号升序排序。查询结果输出为文本文件 sco。

3. 设计菜单

利用菜单设计器按如下要求修改菜单 menu。

(1) 如图 16－3 所示,增加"学生成绩管理"菜单栏及子菜单"成绩维护"、"成绩查询"和"成绩统计"(包括访问键和快捷键的设置)。

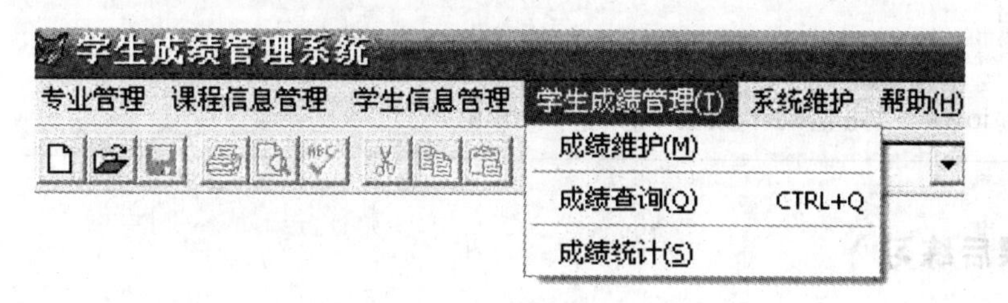

图 16－3 修改菜单

(2) 为"帮助"菜单设置命令:利用 MessageBox()函数显示信息"有问题联系我!"。

(3) 在"系统维护"菜单栏的子菜单中增加 VFP 系统菜单项"退出"。

4. 设计表单

修改 test 项目中的表单 fstu,要求如下:

(1) 将表单的标题设置为"学生查询"。

(2) 将表格的前两列数据改成只读但能获得焦点,且将表格设置为智能显示垂直滚动条。

(3) 添加名为"csave"、标题为"保存"的命令按钮,并为之编写 Click 事件代码:单击该按钮时弹出消息框显示"数据要保存吗?"。

(4) 在数据环境中设置 studtab 表的默认排序方式为按学号(sno)排序。

(5) 为表单的 destroy 事件编写代码,需要完成的功能是:

关闭所有表;

如果存在表文件 temp.dbf,则删除之。

5. 程序改错

下列程序的功能是找出 1000 之内所有的完数,并统计它们的个数。完数是指:数的各因子之和正好等于该数本身(例如 6 的因子是 1、2、3,而 1＋2＋3＝6,所以 6 是完数)。要求:

(1) 在项目中建立一个程序文件 Pcode,将下列程序输入到其中并进行修改;

(2) 在修改程序时,不允许修改程序的总体框架和算法,不允许增加或减少语句数目。

```
Clear
ncount=0
For n1=1 To 1000
    m=0
    For n2=1 To n1-1
        If n1/n2=Mod(n1,n2)
            m=m+n2
        Endif
    Endfor
    If n1=m
        ? n1
        ncount=ncount+1
    Endif
Endfor
Wait Windows  "完整的个数为"+Str(ncount)
```

四、课后练习

下列程序的功能是:随机出 10 道 100 以内整数加减法算术题。如果是加法,则两数的和不得大于 100;如果是减法,则被减数不小于减数。要求:

(1) 建立一个程序文件 Pcode,将下列程序输入到其中并进行修改(注:注释部分不需要输入);

(2) 在修改程序时,不允许修改程序的总体框架和算法,不允许增加或减少语句数目。

```
Clear
  ts=1                        && 题数计数
  Do While ts<=10
    czf=Iif(Rand()>0.5, "+", "-")
                                        &&rand()函数的功能是返回一个 0~1 之间的随机数
    num1=Rand() * 100
    num2=Rand() * 100
    If czf="+"
      If num1+num2>100
        Loop
      Endif
    Else
```

```
      If num1<num2
         Exit
      Endif
   Endif
   ? "("+Str(ts,2)+ ")"+Str(num1,3)+czf+Str(num2,2)+ "="
   ts=ts+1
Enddo
```

参 考 文 献

[1] 严明,单启成. Visual FoxPro 教程. 苏州大学出版社[M]. 2008.
[2] 崔建忠,单启成. Visual FoxPro 实验指导书. 苏州大学出版社[M]. 2008.
[3] 崔建忠. Visual FoxPro 实验指导书. 苏州大学出版社[M]. 2006.
[4] 江苏省高等学校计算机等级考试中心编. 二级考试试卷汇编(Visual FoxPro 语言分册). 苏州大学出版社[M].
[5] 谭浩强主编. Visual FoxPro 数据库程序设计教程(二级). 北京:清华大学出版社,2005.
[6] 杨绍增主编. Visual FoxPro 应用系统开发教程. 北京:清华大学出版社,2008.
[7] 高巍巍等编. Visual FoxPro 程序设计. 北京:清华大学出版社,2008.
[8] 李春葆. Visual FoxPro 程序设计. 北京:清华大学出版社,2008.

附　录

学生表(xs. dbf)

字段名	类型	宽度	小数位数	字段含义
xh	C	6		学号,前两位为年级,中间两位为班级,后两位为序号
xm	C	10		姓名
xb	C	2		性别
nl	N	3	0	年龄
zydh	C	6		专业代号
xdh	C	2		系代号
jg	C	10		籍贯
csrq	D	8		出生日期
ssmz	L	1		少数民族
zp	G	4		照片

成绩表(cj. dbf)

字段名	类型	宽度	小数位数	字段含义
xh	C	6		学号
kcdh	C	4		课程代号
cj	N	3	0	成绩

教师表(js. dbf)

字段名	类型	宽度	小数位数	字段含义
gh	C	6		工号
xm	C	10		姓名
xb	C	2		性别
xdh	C	2		系代号
zcdh	C	2		职称代号
csrq	D	8		出生日期
gzrq	D	8		工作日期
jl	M	4		简历

任课表(rk. dbf)

字段名	类型	宽度	小数位数	字段含义
zydh	C	6		专业代号
kcdh	C	4		课程代号
gh	C	6		工号

课程表(kc. dbf)

字段名	类型	宽度	小数位数	字段含义
kcdh	C	4		课程代号
kcm	C	20		课程名
kss	N	3	0	课时数
kcxz	C	8		课程性质
xf	N	2	0	学分